快乐工作 精彩生活

KUAILE GONGZUO JINGCAI SHENGHUO

沛霖·泓露 著

当你把工作当成一种乐趣时，生活就是一种享受；
当你只是把工作当成一种义务时，生活则是一种苦役。
——(苏联)高尔基

中国商业出版社

图书在版编目（CIP）数据

快乐工作 精彩生活 / 沛霖·泓露著. -- 北京 : 中国商业出版社，2017.6
ISBN 978-7-5044-9778-9

Ⅰ. ①快… Ⅱ. ①沛… Ⅲ. ①人生哲学一通俗读物 Ⅳ. ①B821-49

中国版本图书馆CIP数据核字(2017)第064247号

责任编辑：姜丽君

中国商业出版社出版发行
010-63180647　　www. c_cbook. com
(100053　北京广安门内报国寺1号)
新华书店经销
永清县晔盛亚胶印有限公司
*
720×1000毫米　16开　16印张　200千字
2017年6月第1版　2017年6月第1次印刷
定价：38.00元
* * * *
(本书若有印装质量问题，请与发行部联系调换)

前言

QIAN YAN

活着永远有两个选择：快乐和悲伤，快乐的人活得洒脱活得知足，悲伤的人活得苦恼活得压抑。

工作的乐趣就在干工作是生活中的一部分，用好的心态去对待工作中的每一件事，快乐地完成它，这样我们就可以享受工作带来的乐趣，并且可以在整个工作过程中感受到自己成长的幸福。

生活的乐趣本来就是生存中非常重要的内容，但是由于社会竞争的空前激烈和工作强度的不断提高，现代社会的人性，已经完全被金钱淹没在无休止的打拼和无尽头的奋斗中了，很多人为了追求金钱和名誉，把自己的健康、空闲时间、舒畅的心情等等全都牺牲掉了。他们的步伐总是急急匆匆的，他们利用时间总是争分夺秒的，他们的精神总是高度紧张的……于是，他们认为生活已经脱离了现实生活。之所以会出现这样的情况，是因为他们不懂得快乐工作和快乐生活的秘密。

在我们的生活中，如果我们对待工作存有抱怨、消极等等的情绪，你的工作根本就无快乐可言，你对工作的热情、忠诚和创造力就无法被最大限度地激发出来，那么你的成绩也将是平庸的，不可能出现什么卓越的业绩，你也只能在那里混日子，做着当一天和尚撞一天钟的事。

人的一生，只能感受到生活的痛苦和快乐，为什么我们不去选择快乐，反而选择痛苦呢？生活中如此，工作中也应当如此。有这么一个研究所，他们对全美国的一大部分成功人士作了一个调查，调查的结果是：94%以上的人都在做着他们最喜爱的工作，他们在工作中感觉到的只有快乐，没有痛苦。是啊，一个对工作感到不满的人，不管他如何努力，绝对不会有优越的表现。

是啊，生活中有数不尽的烦恼和忧愁，今天我们为自己的工作烦，明天为自己的孩子烦，后天为自己的爱人烦，似乎生活就是时刻与烦恼为伴，而我们找不到一点快乐的影子来。可是，外界的风雨我们管不了，自己的内心我们还不能管吗?无论外界如何，我们始终在心内保持着一分乐观，一分悠然，那么，生活还会尽是烦恼和忧愁吗?

要活得快乐，我们就需要用快乐的心情去工作，去对待每一天所需要做的事。工作的乐趣不在于工作的一帆风顺，也不在于碰到一个好领导，而在于任何环境中都认真尽其所能地用心工作，全力以赴，更在于这份工作是不是我们所喜欢的。工作是生活的一部分，习惯用好的心态去对待工作中的每一件事，快乐地完成它，就可以享受工作带来的乐趣，并且可以在整个工作过程中感受到成长的喜悦。

目　录
MU　LU

上　篇

快乐工作

第一章　拥抱你的选择

当我们怀着感恩的心去工作，我们就会在工作中找到快乐，我们就会在意我们的老板、同事等。这样一来，我们在人际关系中就会更加积极主动，并会用一种乐观的心态去面对一切。如果一个人把工作中的奋斗当成享受快乐的过程，那么他就没有理由不成功。

第二章 热情快乐工作

热情是一种工作的精神特质，代表一种积极工作的精神力量，这种力量不是特定不变的，而是不稳定的。不同的人，激情的程度与表达的方式不一样；同一个人，在不同情况下，激情的程度与表达的方式不一样。但总的来说，人人都是具有激情的，善加利用，可以使之转变为巨大能量。

第三章　培养远大目标

人生没有目标，就像一艘没有航行路线的航船一样，不管你航行了多久始终无法到达彼岸。所以有一个明确的目标才能让你清楚地看到未来，使自己不再无所适从。

第四章 信任真实的自己

如果你能够使别人乐意和你合作，不论做任何事情，你都可以无往不胜。

——威廉·詹姆士

目　录
MU　LU

下　篇

精彩生活

第一章　精彩生活

生活就是一个万花筒，我们置身其中，无论简单还是艰难，我们都得生活。既然无论如何都得生活，所以，我们要不被其迷惑，我们应让自己快乐地生活。

第二章 心灵思考

奥地利著名心理学家弗洛伊德说："凡对一切有益于心理健康的事件或活动做出积极反应的人，其心理行为便是健康的。反之，就是病态的。"

第三章 生命是花爱是蜜

“关关雎鸠，在河之洲。窈窕淑女，君子好逑。”爱情，一个多么美好、纯洁的字眼啊！爱情，仿佛一首美妙的协奏曲，在动人时刻悄然而至。它给青年人带来热烈的追求，给老年人带来幸福的回忆，给整个人类的生活带来五光十色的迷幻色彩。

上篇
快乐工作

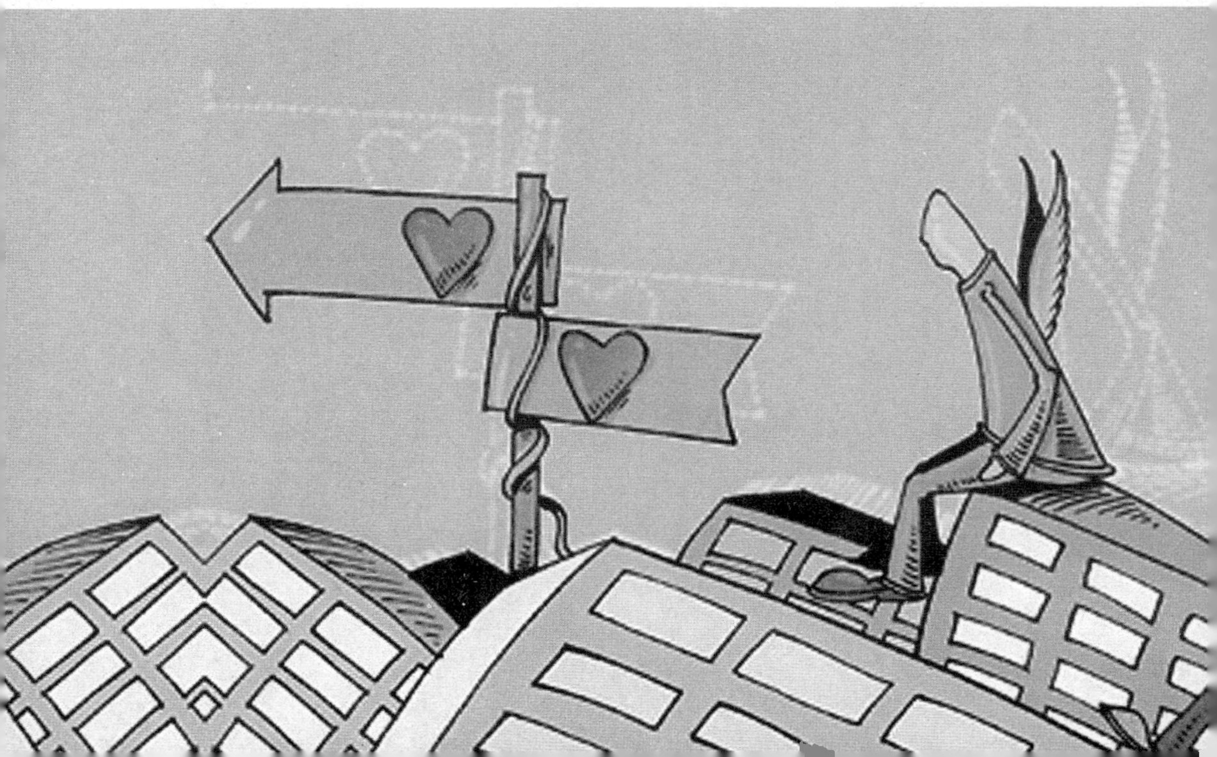

第一章 拥抱你的选择

当我们怀着感恩的心去工作，我们就会在工作中找到快乐，我们就会在意我们的老板、同事等。这样一来，我们在人际关系中就会更加积极主动，并会用一种乐观的心态去面对一切。如果一个人把工作中的奋斗当成享受快乐的过程，那么他就没有理由不成功。

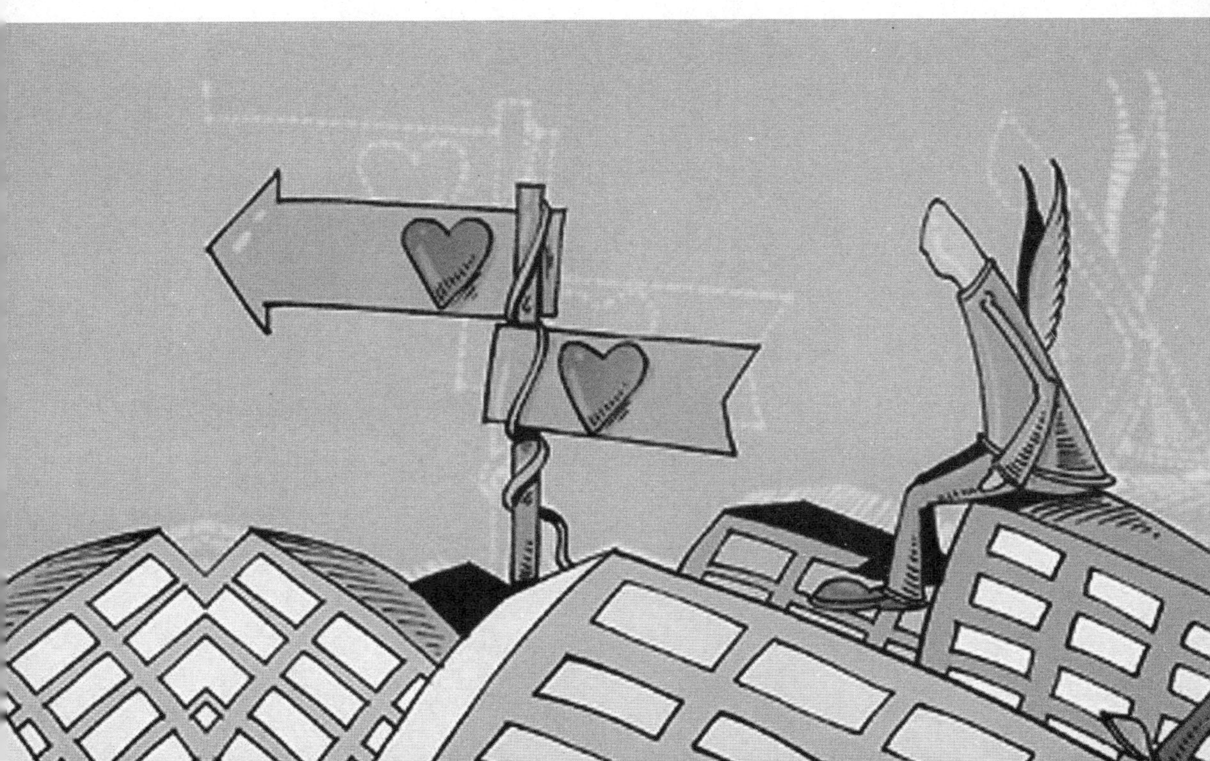

薪水，不是工作的全部

在不少人眼里，薪水（工资）是他们工作的全部目的，“给我多少工资，就干多少活。”“不是自己分内的事一律不干”。短期看来，这些“精明人”的确没有吃亏。但从长远来看，他们却没有看到在工资背后深藏的更为珍贵的东西：工作给予你锻炼、训练的机会，工作提升你的能力，工作丰富你的经验，在工作中你将逐渐健全自己的品格、完美自己的职业道德，所有的这一切都是你将来薪水提高和职位提升的最充分的铺垫。那种“短视”的“等价交换”想法：“我为公司干活，公司给我工资，我对得起自己的工资”，这使他们错失了诸多机会。这其实是现代版的“买椟还珠”，你是拿到了和你劳动相对应的薪水，但你却因此失去了自己的前途和信心。

有人说过这样的一句话：拿多少钱，做多少事，钱越拿越少；做多少事，拿多少钱，钱越拿越多。细细品味，这话是很有道理的。如果你选择了前者，你的钱只会越拿越少，这就是你为工资而工作的结果。你当真愿意你的工资越拿越少吗？如果你不愿意，你就要确立工作第一的态度：千万不要只为了工资，也就是薪水而工作。

有这样的一个年轻人，他在一家公司工作已经整整3个年头了，可是主管对于他的薪水却没有丝毫的增长。面对这种情况，他实在难以容忍下去了。终于，他鼓起勇气对主管说："我在这儿工作的时间已经很长了，按照常规，我的工资早就该有所增加了，可是为什么我的薪水没有提高呢？"主管乐呵呵地听完眼前这个满腹怨言的年轻人说完，并没有急于解释些什么，他只是轻声地反问说："你觉得现在的你和刚进公司时有什么两样吗？"年轻人一时哑口无言。

或许你会觉得这个主管太过苛刻，但是换一个角度去思考这个问题，我们又可以推断出那个年轻人他本身一定存在的问题，否则在公司供职长达3年的时间，个人能力却没有得到丝毫的提升，这正是主管不给他提高分毫薪水的原因吧。

诚然，我们工作是为了薪水，但工作绝不能只为了薪水，我们一定要清晰地认识到这一点。如果一个人只是为着薪水工作，而没有更高尚的目的，这实在不是一种明智的选择。在实际工作中，我们不要过分地计较薪水的高低，即使当前薪水很是微薄，也不要认为这与你的付出是不成正比的，从而对工作敷衍。如果你怀有这样的想法，那么受害最深的倒不是别人或你供职的公司，而是你自己。

就像在我们周围经常听到有人这样说："我现在不过是在为别人打工而已。为老板干活嘛，能混就混。如果我是老板，我自然会更加努力。"但是，事实往往并非如此。

Mark头脑机灵，颇具才华，他就是常常怀有这样的想法，因而对待当前的工作漫不经心。一年以后，他终于辞职开始了自己的独立创业历程。但是不过半年，他的公司就宣告倒闭了。

出现这种结果，想必也是意料之中的事。试想一个人如果曾经对待工作漫不经心，那么这种习气也必将影响到他的今后并且很难改变，无论他从事何种行业，或是自己当老板，失败也是不可避免的。

但是，众多初涉职场的年轻人却不这么认为。他们对工作的意义并没有足够的认识，在他们看来工作只不过是一个谋生的饭碗而已。其实，他们不明白老板支付的报酬固然是金钱，但你在工作中给予自己的报酬，却远远比薪水要珍贵得多。

不要只为了薪水而工作，一名卓越的员工一定要认识和做到这一点。否则的话，就会因为将眼睛紧盯着工资而封闭了自己的视野，就会在无形中将自己困在只装着少许工资的信封里，从而将人生最有价值的东西丢失了。

霍华德先生的职业生涯可谓一帆风顺，短短两年时间他就"连升三级"。在谈及成功经验时他说："这其实也很简单。在我初入公司的时候发现，每天老板都工作到很晚。并且在这段时间内，他经常寻找一个人能够帮他做些重要的事务。于是，我就决定下班后留在办公室内，看看能够提供任何他所需要的帮助。就这样，时间久了，老板就养成了有事首先叫我的习惯。"

霍华德先生这样做是为了薪水吗？当然不是。事实上，他的确是没有获得一点物质上的奖励。但是由于他的付出，他得到了老板的赏识和一个成功的机会。也正因为如此，他的职业生涯才能在短短的时间内就获得了巨大的成功。

美国钢铁巨擘查尔斯·迈克尔·施瓦布说："如果对工作缺乏热情，只是为了薪水而工作，很可能既赚不到钱，也找不到人生的乐趣。不论你选择的事业能够为你带来多么微薄的报酬，只要你用满腔的热忱去全心投入，必然能够开创崭新的局面，每天工作的时候自然都会感到充实快乐。金钱不过是增添人生风味的调味品而已，不要被钞票牵着鼻子走。”

IBM前营销总裁巴克·罗杰斯曾经这么说过：“我们不能把工作看作为了五斗米折腰的事情，而必须从工作中获得更多的意义才行。我们要从工作中找到尊严、乐趣、成就以及和谐的人际关系。”

生活中，我们每个人都需要钱，这是毋庸置疑的事情。但是，工作又绝对不仅仅是我们为了获取薪水谋生的手段，而是我们用生命去做的事情！世界上最卑微的员工，就是那些只为了薪水而工作的员工。你必须要意识到：薪水袋中区区之数的取得，只是工作的低下动机，它可以使你获得面包，所以是必要的。但除此之外，你的执业公司也是你的另一所学校，它能丰富你的思想，增进你的智慧，丰富你的阅历，也为你更美好的明天铺平了道路。

选择的人生境界

人在面对越来越多的诱惑时，就会忘记自己真正需要的是什么。因为人的自私和虚伪在作祟，所以，在日益繁多的物质面前，不去考虑什么是我需要的，什么是我不需要的，或许只是习惯地或者本能地去追求它们，最后，不管是什么结果，或得到，或没有得到，无一例外的是，他们失去了自己最宝贵的东西，那就是迷失了自己。

道理非常简单，就是大部分人都想不明白自己需要的是什么。作为世界首富，比尔·盖茨的财富又有多少是用在自己的花销上？相反，他非常值得人学习，因为像他这样的人，不停地工作并不是为了金钱，而是想实现自己的价值，有更高的理想。从这个角度来说，他知道自己的真正目的并不是财富，他真正想要的也并不是财富。所以，知道自己真正想要什么的人，只要努力地去争取，一切都能超乎自己所想。

人生在世，要面对太多自己喜欢的东西，而且看见的东西越多，喜欢的东西也就越多，想得到的也就随之多了起来。前面永远会有无穷无尽的新诱惑在吸引着你，但是，生活能给予人的毕竟是有限的。

所以，认识自己是非常必要的，如果你不知道自己真正需要什么，那么所谓的追求也就没有任何效果和意义。

其实，认识自己，了解自己需要什么，并不是让你如何地超然物外，而是为自己量身定做一个目标，这个目标必须符合自己的心意，并且符合道德规范，而且是切实可行的。这样做的目的不仅能给你的人生一个定位，可以更好地朝着自己追求的方向努力，还可以少走弯路。同时，还能净化自己的心灵，在某些东西得不到的时候，不必疯狂，不必为失去而难过，因为那不是你真正想要的，失去了就失去吧。

可能有人会说："我这一生的追求就是名利，而且为了这些我可以不惜一切，比如可以抛弃道德和良心。"一个人能为了名利舍弃最基本的人格，那就失去了尊严，失去了人生的意义。

虽然金钱是我们生存必须的条件，努力创造财富会让我们的生活变得更加美好，但人不能成为金钱的奴隶，不能只为了钱而活着。有了这种正确、健康的心态，就不会被金钱所迷惑，生活也会因此而少一些阴霾，多一些阳光。

其实，我们身边的很多人都有一种感觉，就是长期生活在都市中，厌倦了城市的灯红酒绿，都希望回归自然，到乡野去，那里有清新的空气，有宽阔的田野、朴素的乡亲。可以看出，很多人真正想要的东西，其实很简单，只是我们生活在现实中，要面对家庭的责任、社会的责任，我们不得不为自己、为家人，甚至是更多的人去奋斗，因为我们不仅爱自己，还爱自己的家人和很多值得我们爱的人，为了这份爱我们必须去奋斗。然而，在这样的重重压力下，你如果能够真实地面对自己，使自己的心灵趋于平静，让自己在繁重的工作和压力下，心灵得到一份轻松和自得，这样不是更有利于工作吗?

我国现代著名哲学家冯友兰先生曾经根据人对自己行为觉解的程度，区分出四种人生境界，即自然境界、功利境界、道德境界和天地境界。自然境界：对人生毫无觉解，浑浑噩噩，混混沌沌，对外界不知不识，糊里糊涂，一切任其“自然”。处在这种境界中的人，被动而行，“行乎其所不得不行，止乎其所不得不止”，或者顺习而行，照例行事，对于所行之事并没有搞清楚。功利境界：对人生有所觉解，但都是为己，一切行动都以求利为目的。处在个人功利境界的人，对于所谓贵贱，有清楚的觉解。他好贵而轻贱，贵则喜欢，贱则悲伤。道德境界：对人生的义务和意义有清楚的觉解，能正确处理群己关系。处在这一境界中的人，以尽职尽责为目的，想到的是予而不是取。天地境界：对社会人生、宇宙万物有彻底的和最高的觉解，不仅能知天事天，而且能乐天同天。在天地境界中的人，自同于大全。

如何选择人生的境界，也在一定程度上表明这个人想要选择怎样的一种生活方式。故而，每个人都有必要问一下自己，真实无欺地回答自己到底想要什么？这样做的好处有两点：

1. 让你更有动力

了解你的需要会给工作带来热忱，没有任何东西比清晰的目的更有动力。反之，缺乏目的的人，不会有热忱，对他来说，疲累、乏力和失去喜乐，常常是由于一些无意义的工作，而非因工作过劳。

萧伯纳曾说：“人生真正的喜乐是你感到自己是为伟大的目的而活，是你觉得自己是大自然的力量，而不是无病呻吟、自怨自艾，只

懂得埋怨世界不能令你快乐。”

大部分的人因为需要而克服了消极的一面，认识到自己的缺点，谋求改进。心中自然会升起希望，发挥出比想象中还要好的才能。

2. 让你心灵平静

当你真切地感受到自己想要的东西后，你就会摒弃浮躁，积极地朝着自己的目标努力，不会去追求一些自己并不需要的东西。那样，你的时间和精力才能更好地利用起来，不会浪费在一些你其实并不需要的事情上面，这也会对你达成目标起到很好的作用。因为人生毕竟是短暂的，人世间的很多东西是追求不完的，如果你看到什么就追求什么，那样是没有好处的，目标散乱往往会什么也得不到。

所以，不管从哪个方面来说，了解自己真正需要什么的人是最容易达成目标的人，因为他们不会像苍蝇一样到处乱撞，而是沿着自己的大方向前行，为了自己的目标服务，这样既充实，也快乐，最后也是收获最多的人。

选择正确的方向

人生面临的选择不计其数，而且时刻存在于我们周围。可能在你还没有记事的时候，你就开始在选择你所要的东西，只不过那时候的选择是潜意识的，就像吃或不吃、睡或不睡这样一些在成年人看来简单的事情。但我想，处于那个年龄的孩子，却不认为那是一件容易的事情。随着岁月的变迁，我们的选择越来越多，吃饭穿衣这样的生活琐事虽然也存在选择性，但已不再困扰我们，我们考虑的更多的是感情和事业等人生路上更重要的事情。

伊索寓言中有一则关于乡下老鼠和城市老鼠的故事：

城市老鼠和乡下老鼠是好朋友。有一天，乡下老鼠写了一封信给城市老鼠，信上说："鼠兄，有空请到我家来玩。在这里，可享受乡间的美景和新鲜的空气，过着悠闲的生活，不知意下如何？"

城市老鼠接到信后，高兴得不得了，立刻动身前往乡下。到那里后，乡下老鼠拿出很多大麦和小麦，放在城市老鼠面前。城市老鼠不屑地说："你怎么能够长期过这种清贫的生活呢？住在这里，除了不缺食物，什么也没有，多么乏味呀！还是到我家玩吧，我会好好招待你。”

于是乡下老鼠就跟着城市老鼠进了城。乡下老鼠非常羡慕城市里豪华、干净的房子。想到自己在乡下从早到晚都在农田上奔跑，以大麦和小麦为食物，冬天还得在那寒冷的雪地上搜集粮食，夏天更是累得满身大汗，和城市老鼠比起来，自己实在太不幸了。聊了一会儿，它们就爬到餐桌上开始享受美味的食物。突然，“砰”的一声，门开了，有人走了进来。它们吓了一跳，飞快地躲进墙角的洞里。乡下老鼠吓得忘了饥饿，想了一会儿，戴起帽子，对城市老鼠说：“乡下平静的生活，还是比较适合我。这里虽然有豪华的房子和美味的食物，但每天都紧张兮兮的，还不如回乡下吃麦子快活。”

不论什么样的选择，特别是大事，都必须经过自己的深思熟虑。选择的正确与否决定着我们做事情的成败，所以，如何有效、正确地选择是一件很重要的事。因为有时候方向比努力更重要，我们在做事情的过程中不能忽略努力，但是努力是在选择之后，只有做出正确的选择后，才能去努力。

选择源于你的目的，人要是没有目的就像找不到北斗星一样，有了目的就要孜孜不倦地去努力。人在面对各种各样的抉择时，应根据需要来取舍，对和自己的目标没有关联的事，就应该果断地拒绝，比如你会不会因为没有得到更好的待遇而离开一个能展现你才能的舞台？其实，放弃金钱和名利才能发挥你最大的优势，放弃只是暂时的。你会不会因为和同事之间有矛盾就拒绝和他一起合作？即使真理站在你这一方，也要放下自己的脾气架子，愉快地同他合作。

一个人明确了自己的方向，就不会迷失在众多的选择里，他一眼就能在纷繁复杂的选择中找到最适合自己的。就像买衣服一样，适合自己的才是最好的，有些人追求时尚和流行，却全然不顾自己是否适合那些流行元素，结果适得其反。我们在面对选择时，也要避免这样的事情发生，有时，看起来非常好的选择或许只适合别人，并不适合你。

抽象派画家毕加索说过：准确地选择，你的才华就会得到更好的发挥。

人生的选择就是这样，不管做出的是怎样的选择，终归都不会是尽善尽美的，也许缺憾本身就是一种美丽。既然做了选择就不该后悔，只要是适合自己的就是最好的。选择必须由自己决定，可供选择的机会越多，选择的难度就越大。面对人生的重大转折既要勇于积极争取，同时也必须给自己留条退路，赢了固然可喜，输了也未必可悲。

翻开历史，你就会发现，那些成功的人之所以取得了辉煌的成就，就在于他们十分准确地选择了人生奋斗的方向，使自己的才华得到了极大的展示，从而实现了自己的人生追求和梦想。人生有各种各样的舞台，但最能展露你才华的舞台却只有一个。

选择你最感兴趣的工作

古人云：预则立，不预则废。可是从我们刚刚懂事的时候开始起，我们的父母、师长就耳提面命地教导我们要追求上进、要出人头地、要做到最好、最强、最出色、最优秀。但是他们却从来没有告诉过我们，怎样才能做到最快乐。于是乎，在长辈们的谆谆教导声中我们也渐渐迷失了自己的内心感受，在外界的“压力”下，纵使我们所面对的工作常常会让我们感到并不快乐，甚至感到压抑、郁闷，可是，我们却又常常不得不去面对这样的窘况。这样的状况还能持续多久呢？

处在当今这个日新月异的时代里，竞争空前激烈，只要你一个不留神就可能被竞争对手超过去。因此，我们就要提高做事的效率，就要创新发展，而唯有做自己感兴趣的事才是实现这一目标的重要前提。

有这样一道智能测试题：在比尔·盖茨的办公桌上有五只带锁的抽屉，分别贴着财富、兴趣、幸福、荣誉、成功五个标签，盖茨总是只带一把钥匙，而把其他的四把钥匙锁在抽屉里。请问：盖茨带的是哪一把钥匙？其他的4把锁在哪一只或哪几只抽屉里？

据说，这是2001年5月美国内华达州麦迪逊中学在入学考试时出的一个题目。现在你登陆美国麦迪逊中学的网页时，你还可以发现比尔·盖茨先生留给该校的回函，函件上写着这样一句话：在你最感兴趣的事物上，隐藏着你人生的秘密。没错，答案也正是隐藏在这句话里，比尔·盖茨先生带的就是“兴趣”抽屉上的钥匙，其他的4把钥匙都锁在这只抽屉里了。

诺贝尔物理奖的获得者丁肇中说过：“兴趣比天才重要。”兴趣可以增强职业的适应性。谁找到了自己最感兴趣的工作，谁就等于踏上了通向成功的道路。有研究表明，如果从事自己感兴趣的职业，则能发挥出全部才能的80%～90%，否则就只能发挥全部才能的20%～30%，而且在从事你所不感兴趣的职业的时候，是会很很容易感到疲劳和厌倦的。一个人只有从事自己感兴趣的工作，才能取得非凡的成就。

世界上最伟大的科学家爱因斯坦曾经收到这样一封信，信中邀请他去以色列当总统。面对如此“高官厚禄”的诱惑，让人大跌眼镜的是爱因斯坦竟然婉言谢绝了。爱因斯坦在回信中说：“我整个一生都在同客观物质打交道，因而缺乏天生的才智，也缺乏经验来处理行政事务及公正地对待别人。所以，本人不适合如此高官重任。”现在看来爱因斯坦的选择当然是明智的，因为他清醒地知道，他所感兴趣的是数学和分子物理学，虽然他在这一领域独树一帜取得了成功，可这并不代表他在任何领域都是万能的。试想，如果爱因斯坦不能拒绝如此诱惑而答应下来，那么这个世界上就很有可能少了一位伟大的科学家，少了相对论，而仅仅多了一位庸庸碌碌的政府官员罢了。

所以说，快乐工作的一个重要因素，就是对你的工作有足够的兴趣，要发自内心地喜欢这份工作。因此，在你选择工作的时候，就要充分考虑到你的兴趣所在，你不妨首先列出你所感兴趣的行业，接着挑选自己最感兴趣的那一项，然后就全身心地投入其中吧。你选择行业的标准是兴趣而非你所学的专业，千万不要一味过分强调你的专业而选择你要进入的行业，除非你的专业就是你的兴趣所在，因为只有那些你感兴趣的东西才能够给你今后的发展提供足够的原动力。

为谁而工作

从早到晚，一天天，一年年，忙忙碌碌，辛辛苦苦，小心谨慎，不肯有一丝懈怠。工作，除了工作还是工作，我们把生命中的一大半时间都给了工作，而留给我们自己和我们生命中最重要的部分——亲人相处的时间却少得可怜。我们这样工作究竟是为了谁，难道仅仅是为了自己的生存，还是为了给别人创造更多的财富？

我们到底在为谁工作？

我想这个问题百分之百的人应该都考虑过，答案应该就是两种：一是为自己，二是为别人。那些乐观的人肯定会说是为了自己，因为我们付出劳动收获维持生存的所需；那些消极的人则认为是为了别人，因为我们为他人付出了生命的大部分时间，而自己既收获不到多少物质，更失去了自由。理由形形色色：公司不是我的，公司今后的发展好坏与否都与我无关；老板与我只是一种雇佣关系，他只关心我所付出的多少，而永远不会成为志趣相投的朋友；我的待遇是固定的，我干多干少，干好干坏都是一个样；同事都这么做，我也这么做，我不想当出头鸟。看了这么多的理由，实质上归结于一点，那就是公司并没有为你提供一个有效的激励机制，所以就“做一天和尚撞一天钟”，至于钟撞得响不响就不管了。

这两种看法都不是全面的，而我认为两者都有，不是吗？我们在解决自己生存问题的同时也给别人带来了财富，我们在为别人创造财富的同时也让自己获得了各种提升，实现了自己的价值。

第二种思想是一种消极的思想，事实上抱着这种思想工作的人都不会有什么成就。别人放弃你不要紧，如果你自己都把自己放弃了，那就彻底完了。诚然我们无法改变环境，但是我们却能够改变自己。

有一个寓言很好地说明了我们到底在为谁工作。一天，主人在两辆马车上装满了货物，并分别让两匹马各拉一辆车。在路上，一匹马总是落在后面，还磨磨蹭蹭地走走停停。主人便把所有的货物都搬到前面的马车上。而那匹原本磨磨蹭蹭的马一看自己车上的货物没有了，就步履轻快地前进起来，还对另一匹马说:“你就傻乎乎地干吧，总有一天累死你!”

等到达目的地以后，有人建议主人:“既然你只用一匹马来拉车，那就没必要养两匹马，不如只喂养那匹拉车的马，把另一匹宰掉，起码还能得一张皮呢!”主人听从了他的建议，就真的把那匹马杀掉了。

我们到底为谁工作？这匹不好好拉车的马的下场给了我们很好的答案，如果我们不好好工作，就会像这匹马一样被职场淘汰。一个总是以为为别人工作的人在工作上肯定会消极倦怠，把工作看成是一种苦役，这样你就会不停地抱怨，逐渐产生消极抵触心理，如此一来，你的工作将很难做好。所以，停止你的抱怨，不要抱怨你的待遇太差，不要不认真工作，或者认为是在给老板工作，因而敷衍了事。实

质上我们是在为自己工作，为我们以后的道路铺垫。认识到我们是在为自己工作，意味着自我负责和自我激励。一个人只有自己对自己负责，自己激励自己进步，才能掌握自己的命运。这是最根本的问题。如果我们不愿意自己对自己负责任，不愿意自己督促自己进步，那将不会再有任何力量能使我们在这个社会上站稳脚跟了。

不要总是抱怨你的工作，诸如加班、辛苦之类的抱怨，工作辛苦是必然的，世界上没有一个工作不是辛苦的，就算是总统、国王也都在说辛苦。随着工作时间的增长，对工作产生倦怠和麻木也是不可避免的，没有一个人可以非常肯定地承认自己对工作一如既往地充满热情，而从不感到疲倦，因为我们不是机器人，而是血肉之躯，它会生病也会衰竭，所以，重要的是一旦明白工作是为了自己时，这些倦怠便不会总是来骚扰你。我们无法控制工作如何，诸如工作量的大小、难度以及公司的要求等，但是我们可以做到控制自己，我们可以让自己在繁重的工作面前保持一颗平常心，使自己不以物喜，不以己悲，因为我们是为自己工作，这样一来，所有的重负都不再是负担，所有的压力也都不在是压力，而成了你向自己挑战的一个锻炼机会而已。

在一个图书出版公司工作的小雷，只是一个普通的策划编辑。每个月拿着相对较少且固定的工资，他的任务就是每个月策划几个选题，工作如果不出大的问题，他完全可以安逸地过下去。

但小雷与别的员工不同，当别的员工消极怠工的时候，他总是在一丝不苟地做着自己的事情，尽管这些事情未必能够为自己带来更多的薪水，但他懂得为自己工作的道理。与其上网、聊天、玩游戏如此这般的浪费时间，为什么不多思考一些问题，多学一些业务知识，多策划几个选题呢？

一般员工工作的时候只是完成老板的任务，他们想，即使书畅销了自己也捞不到什么好处，何必那么费劲呢？而小雷却不这么认为，虽然捞不到物质上的好处，但能够得到业界的认可，得到读者的认可，这才是最重要的。如果你能够策划好一本书，以后无论你走到哪儿都会得到别人的尊重。策划一本好书会给自己带来很多宝贵的经验，这些经验会直接影响着你的下一本书。在这样的观念影响下，小雷为公司做了很多好书、畅销书，为公司带来了很大的经济效益和社会效益。尽管小雷的工资一直没有上涨，但他并不后悔。同事都认为小雷这样做太不值得了。

突然有一天，公司的老总上调，由于匆忙不可能向社会公开招聘本公司的总经理，他前思后想，最终把总经理的位置给了小雷。这时候，同事都说小雷值了，因为他以前为公司赚的钱现在都成为自己赚的了！试想一下，如果小雷和其他员工一样也抱着为老板工作的态度，那么他现在的结果会有这么好吗？

著名策划大师王志纲把人才分成自用之人和被用之人。所谓自用之人，是自己了解自己，可以发挥潜力，做老板，开创一番事业的人。所谓被用之人，是有突出的能力和专长，也就是职业经理人和专家。但无论是什么人，都必须是自我负责、自我激励的人，如果连自己都不能对自己负责，不在乎自己，不努力提升自己，那还会有谁帮助你呢？

为自己工作，才能让我们懂得对自己负责，也才能真正重视自己现在的工作。虽然公司不是你的，你的工资也不怎么高，但公司至少

给了你一个平台，如果你不珍惜，就等于在浪费自己的时间和生命。如果你努力，也许将来某一天你会有自己的公司，你会发觉你以前做事的经验对你将起到很大的帮助。所以，为自己工作就是对自己负责。如果一个员工放弃了对公司的责任，也就放弃了在公司中获得更好发展的机会。没有责任也就等于放弃了成功，放弃了为自己工作的原则。这样的员工，老板当然不会看重。

为自己工作体现了一个人的责任感。责任感是评价一个员工是否优秀的重要标准。我们要很好地保持一种责任感，随时提醒自己，责任不是公司赋予我们的使命，而是我们自己为自己赋予的使命。一个缺少责任感的人，首先是失去了社会对自己的基本认可，其次是失去了周围的人对自己的尊重与信任，也就不会成为一名优秀的员工，更不可能有所收获。一个具有高度责任感的人，他的事业达到的水平也就越高。

我们的心态决定了我们的一切，如果你总想着你是在为别人工作，那么你肯定干不好工作。诚然，公司不是自己的，但你想过没有，无论你做好做坏你花的时间成本都是一样，你都要同别人一样早起晚睡，都要在公司里一天，那么，为什么不做好呢？你可以不为老板负责，但你总要为自己负责！你现在所做的一切都是你的积累。一个人对待工作的心态，是积极的还是消极的，是上进的还是无所谓的，直接影响到工作的好坏。工作是一个人施展自己才能的舞台，无论做什么工作只要脚踏实地沉下心来做，总有收获。如果你只把工作当作一件苦差事，或者只将目光停留在工作本身，那么即使是从事你所喜欢的工作，你依然无法持久地保持对工作的激情。而如果把工作当作一项事业，情况就会完全不同了。

看看那些成功的人，那些优秀的人，他们总是非常努力的人，因为他们懂得他们在为谁工作。也因此他们总是主动去工作，并且力求做到更好。因为他们要为自己负责。

有两种类型的员工老板最不欣赏：一种是除非别人非要他做，否则不会主动做事的人，这种人总是在等待，把所有的时光都消磨在等待上了；另一种是即使别人让他做，他也做不好的人，这种人本身办事能力差，也就无法要求他什么。

第一种人最不可原谅，他们抱着为别人工作的态度做事，这种被动的心态势必不会做出什么成果。作为一个员工，你不能只是被动地等待别人告诉你去做些什么，而是应该主动去了解自己应该做什么，能做什么，怎样才能精益求精，做得更好，并且认真地规划它们，然后全力以赴地去完成。懒散的人、等待吩咐的人只能在成功门外徘徊。要想成功就要拿出进取心。真正有所成就的人是那些不需要别人催促，就会主动做事，而且不会半途而废的人。这种人知道自己的价值所在，在明确的目标下积极主动地做自己应该做的事请，并且严格要求自己，努力要自己做到更好更出色。

所以说，我们要为自己而工作，为自己的理想，为自己的未来，为自己的成功而奋斗！只有抱着为自己工作的心态，你才会脚踏实地地工作，你才会珍惜目前的工作机会，才会对工作充满感激，才会时刻准备着充实自己，等更好的机会来临时，你才能够抓住它而不是眼睁睁地看着它在你的眼皮底下溜走。

工作着，快乐着

“愚人向远方寻找快乐，智者则在身旁培养快乐。”快乐是什么？快乐就是自己感到幸福或满意。只要我们对自己的人生满意了，我们就拥有了快乐。快乐是生命的至高境界，是我们每个人最高的人生追求。

泰戈尔在《人生的亲证》中写道：“我们的工作日不是我们的欢乐日——因此，我们要求节日，我们在自己的工作中不能找到节日，所以我们是不幸的。河流是在向前奔腾中找到它的节日；火焰在其燃烧中找到它的节日；花香在大气的弥漫中找到它的节日，但是我们每天的工作中却没有这样的节日，这是因为我们没让自己解放，因为我们没有愉快地、完全地将自己献身于工作，以致让我们的工作压倒了自己。”

现实生活中的人有哪些离得开工作呢？我们大部分时间都需要在工作中度过。享受工作，把工作当作自己的节日，乐在其中，那么我们的工作必定会给我们带来欢乐。可想而知，如果你在工作中感受不到快乐，那么你的人生真的就会失去了很多。所以，我们要在工作中寻找快乐。快乐是人生的最大追求，快乐的人必定善良，善良的心灵才会柔软纯净，才会感受花的微笑和风的叹息；快乐的人必定清心寡欲，懂得精神比物质需求更为重要，只要做到了这些，快乐的天使便会降临在你的生活中。

B. C. 福布斯曾经说过："工作对我们而言究竟是乐趣，还是枯燥乏味的事情，其实全要看自己怎么想，而不是看工作本身。"把工作当作一种创造性活动，看作一种自我满足，一种艺术创作，全身心地投入，任何人都能从中获得快乐。

一位心理学家路过一座山，在山上遇见了两位石匠，他们都在用力地凿着石头。心理学家看见他们干得如此卖力，便走上前去询问第一位匠人："你喜欢做这个工作吗？"匠人皱着眉头抱怨道："谁会喜欢天天抡这个重得要命的铁锤来和这些没有感情的石头打交道啊?跟你说吧，这简直不是人干的活，但是为了生活我也没有其他的选择啦！"听完他的话，心理学家认同地点了点头。他又走到第二个石匠面前，他看到这个石匠满面红光，嘴里哼着小曲儿，心理学家感到非常得奇怪，便问道："你一定是非常喜欢这份工作吧？"石匠抬起头用手擦去了额头上的汗珠，憨厚地笑笑说："确实如此，我很喜欢这份工作，每当我想到这些粗笨的石头经过我的雕琢将被别人欣赏的时候，我就感觉到了由衷的自豪！"心理学家被这个石匠朴实的语言震撼了，他简直无法想象，一个做如此粗俗工作的石匠，竟然会有如此高尚的想法。

若干年后，第二位石匠成了远近闻名的雕刻家，而第一位石匠仍旧像原来一样一边抱怨着一边重复着那些机械的敲石头的动作。

面对同样的工作，在同样的环境中，两位石匠却有如此截然不同的感受。其实生活赋予每个人的成功机会是同等的，只是人们所处的心态不同。就像第一个石匠满腹牢骚，把手中的工作视为无奈之举，得过且过，结果就是一事无成；第二个石匠则用一种愉悦的心情、积极的态度来对待工作，所以生活总是会把成功的收获带给他们。如果我们都能在自己的工作中找寻快乐，用自己的热情去构筑未来，那岂不是一举两得的事情么?

因此，我们一定要认识到所有的工作都是没有捷径的，只能苦干加巧干才能取得成功。99%的汗水加1%的灵感等于成功，这就是爱迪生的生活。

其实，对待工作能否快乐，这完全取决于你的心态。对于身处职场中的你来说，必须要有这样一种意识：工作是一种使命，必须深爱着它，并以饱满的热情去完成它，只有这样，即使工作再苦再累，你也会乐在其中。

当然，工作当中肯定存在太多的理由让我们感觉到并不快乐，诸如工作太单调、和同事相处不好、薪资不如意、客户搞不定等等。但是，换一种思维方式对待你的工作将会大有裨益。我们没有任何理由不对工作心存感激之情，工作不仅使我们衣食无忧，而且使我们在经济上具有独立性从而具有独立人格的尊严；工作能体现我们的个人价值和社会地位，因此工作可以使我们更健康；工作能让我们获得成就感，因此工作给人带来的快乐是其他任何事物所无法给予的。

用快乐去诠释工作，人生就远离了怅恨与烦恼。快乐工作已经被作为企业文化的特征之一，越来越受到认同和倡导。只要怀着感激之情对待你的工作，工作回馈给你的一定是事业的成功和人生价值的实现。微笑着去迎接每一天的工作吧！让我们从工作中寻找人生的快乐吧！

怀着好心情去工作

工作中的一件小事，很有可能让我们感觉到不愉快，也可能影响到我们的生活。每天踏入公司大门的那一刻起，我们都应用好心情去迎接工作。比如：见到同事微笑地打声招呼。一声问候不仅能让别人感到你对人的尊重，还会使双方都有一个好心情，在工作中，这种心情也会影响到你工作的效率。

一声关切的问候，你可能会认为是一件很简单的事情，或者没有这个必要。但你是必须清楚对别人的问候是一件庄严的事，是一种优良品德的表现。所以，你对别人的问候不能过于小声，让身边的人很难听清楚；或者含糊带过；或者既不情愿、毫无感情色彩，就像例行公事一样。这样做是有害而无益的。

那些不喜欢向别人问候的人，很容易和身边的同事隔阂起来。你会给他们一种高傲、看不起人，独来独往，做事我行我素的印象，从而导致别人对你产生厌恶的心理。这样，你还会赢得别人的尊重吗？你可能会工作的快乐吗？

怀着好心情去工作，主动和身边的人进行沟通，会使气氛变得欢快，人人都能快乐地投入工作。特别是对老板和同事说早安，然后他们也会向你问好，这样大家都会感觉到今天又是快乐的一天。其实，每天都要向身边的人问候，因为这样可以使你的人际关系更加圆满。

有一家刚刚成立的公司，公司招聘了50多个员工。报到的时间到了，所有招聘的员工都来到了公司。但他们之间都保持着“距离”，没有一个人主动和身边的人说话，大家你做你的，我做我的，彼此不会多看一样。

几分钟后，经理来了。经理是一个身材高大的年轻男子，看上去非常开朗、阳光。他站在所有员工面前，一直没有说话，只是静静地看着大家。过了几分钟，这位年轻的经理突然开口说：“我是这家公司的经理，也是你们的领导者。”经理的声音很威严，下面的员工更加严肃了。

“今天是第一天上班，我希望你们大家都相互熟悉，你们可以不拘小节，都聊聊吧！”经理说完话后，坐在一个位置上，与另外一位公司高层聊了起来。可招聘来的员工，还是和以前一样，他们谁也没有主动和谁说话。

这时，经理又说话了：“你们把手上的东西都放下，然后转过身去，和你身边的人面对面。都转过去。”

所有员工都转过过去，和身边最近的人面对面了，但是他们脸上还是一脸的严肃。这时经理又说：“现在，请你们把手伸出来，然后握着多方的手和我一起说……”经理用一种命令似的声音喊道：“你好，朋友！”

当所有员工都说完这句话后，大家都情不自禁地笑了笑，然后互相聊了起来，一时间整个大厅里都是员工们的笑声和说话声。

当你主动向对方问候时，其实，你就是在把好心情传播给对方，那么，对方也会因为受到你的感染而心情变得舒畅。这样，便可以营造出一个快乐的氛围，即使是面对紧张的工作，人们的心情也会处于轻松乐观的状态，做起事情来也会更加顺利。因此，我们一定要怀着好心情去工作，并把它传播给周围的每个人，让所有人都可以怀着快乐的心情去工作，这样大家不但可以更加和谐地相处，即便是有些小矛盾，也会被快乐所淹没，彼此会主动地原谅对方。

奉献使你的工作更加快乐

有这样一则寓言故事：

一个人死后发现自己来到了一个美妙而又能享受一切的地方。他刚踏进那片乐土，就有个看似侍者模样的人走过来问他："先生，你有什么需要吗？在这城里您可以拥有一切您希望得到的东西：所有美味佳肴，所有娱乐以及各式各样的消遣，其中不乏妙龄美女，您都可以尽情享用。"

这个人听了以后感觉有些吃惊，他暗自窃喜：这不是人间的梦想吗，一整天都在品味美味佳肴，同时享尽一切美好。

然而，有一天，他却对这一切感到索然乏味了，于是他对侍者说："我对一切感到厌烦，我需要做一些事情。你可以给我一份工作吗？这些不经付出的享受简直索然无味。"

他没有想到，这个愿望不能得到满足，侍者说："很抱歉，我的先生，这是我唯一不能为您做的。我没有工作可以给你。"

这个人非常沮丧，他非常愤怒地说："你真是太讨厌了！这样的生活和在地狱里有什么两样。"侍者听后笑了笑说："您认为，您在什么地方呢？”

奉献本身就是一种快乐，失去奉献的义务也就同时失去了快乐。马明·西比利亚克说：“如果一个人仅仅想到自己，那么他一生里，伤心的事情一定比快乐的事情来得多。”

奉献就是一种爱，是一种不求任何回报的付出，是一种无私的精神。一个具有这样精神的人，永远不会只因要得到回报才肯去工作，为了自己的事业，他们可以不求任何回报，全身心地投入到工作当中，尽心尽力地去工作。露丝·斯塔福德·皮尔就对奉献做了这样的定义；“奉献是以你拥有的东西，无论是时间还是资源，去为他人的利益服务。这种给予是人类特有、最可靠的，它是以精神为动力的。”有些人认为，奉献是一件很难做的事，其实，从某种程度上来讲，奉献其实并不难。对于一个具有无私精神凡事不会与别人斤斤计较的人而言，奉献对他们来说是那么的简单。比如在工作中，你多做了一件事情，多加了一个班，多为领导考虑了一些问题，这些都是在奉献，奉献并不是说非要让人们做一些常人无法做到，或是不肯去做的事情，而是从一点一滴开始，只要我们认真地对待，无论生活还是工作，我们随时都可以做出奉献，这是人之所以为人的根本。所以说，任何人都可以做到，这并不是一件困难的事。

一个懂得奉献的人，生活会特别有意义，工作起来也会非常快乐，当他们怀着快乐的心情去做事时，面对任何事情都始终会保持乐观的心态，不会对任何事情计较，即便是自己受了一些委屈，他们也不会太在意。随时准备奉献的他们，不但不会因为不与别人进行争夺而失去发展，相反，他们还会比那些只为得到回报而工作的人得到更多的机会，从而促使自己未来变得更加美好，一切也还都会因此而变得更加美好。

人们常说：这个世界是公平的，付出必有回报。你奉献出了你的东西，你就也会得到别人对你做出奉献。在工作中，尚若你为公司奉献出你的兴趣、你的爱、你的想象力以及创造力，那么，你便能够化不利条件为有利条件。“一分耕耘，一分收获。”从古至今，人们就清楚地了解到这一道理，只有播种，才有收获。奉献才能更好，已经成为成功路上一条最基本的法则。无论你身处什么行业，做哪一种工作，我们都可以比别人要求的做得更多，用奉献的方式最大程度地体现出自身的价值，并可以从中获得更多的快乐。一个成功者所取得的成就并非是由更多的获取取得的，而是由更多的奉献所得来的。只有将注意力放在我们能为别人带来什么，而不向别人索要什么，我们才能一步步地走向成功。给别人他所需要的东西，为此而付出自己，在别人得到快乐的同时，你也一定会有所收益。一位成功人士这样说道：“如果你是一个渴望成功，生活快乐的人，你就一定要奉献出自己，尽自己所能，给予别人想要的东西，成功和快乐自然就会找上你。”的确如此，看看那些整天都在渴望得到更多，不甘于奉献的人，他们很难会有所作为。相反，那些一直都在奉献，不会只顾着索取的人，最终获得的结果往往都是成功。

就像耶稣对他的信徒所说的那样——“你们要人，就必有给你们的。并且用十足的升斗连摇带按，上尖下流地倒在你们怀里。因为，你们用什么量器给人，人就必用什么量给你们。”

第二章

热情快乐工作

热情是一种工作的精神特质，代表一种积极工作的精神力量，这种力量不是特定不变的，而是不稳定的。不同的人，激情的程度与表达的方式不一样；同一个人，在不同情况下，激情的程度与表达的方式不一样。但总的来说，人人都是具有激情的，善加利用，可以使之转变为巨大能量。

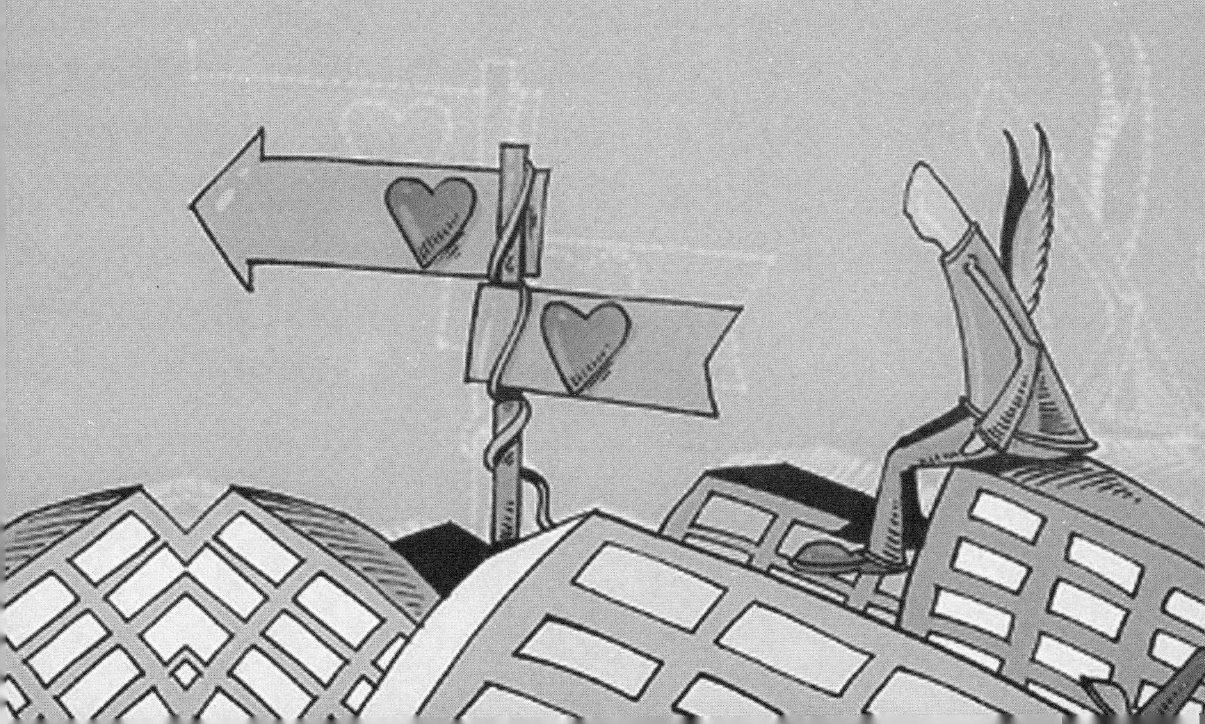

从容工作不能缺少热情

工作热情是一种洋溢的情绪，是一种积极向上的态度，更是一种高尚珍贵的精神，是对工作的热衷、执著和喜爱。它是一种力量，使人有能力解决最艰深的问题；它是一种推动力，推动着人们不断前进。

比尔·盖茨说："每天早晨醒来，一想到所从事的工作和所开发的技术将会给人类生活带来的巨大影响和变化，我就会无比兴奋和激动。"比尔·盖茨的工作激情让他创造了一个高科技网络时代，他本人也成了这个世界举足轻重的人物。他的热情感染了微软，也感染了整个世界。

微软公司宁愿任用曾经失败的人，也不愿要一个处处谨慎却毫无建树的人。微软在对应聘人员面试时有一个名为"挑战"的秘密测试武器。"挑战"的最早版本出现在口头进行的斯坦福·比奈智商测试中，测试的人可能会给出无标准答案的公开试题，例如在不使用秤的情况下，怎样称出一架喷气式飞机的重量？答案显然不是唯一的。如果被测试的人不断地改变答案，那么得分为零。只有在被测试者利用逻辑为自己的答案进行辩护，并连续挫败两次“挑战”时，答案才会被认为是正确的。在整个面试过程中，考官会引导应聘者说出一些完全肯定、毫无争议的正确答案，然后说“等一下”，故意和他唱反调，直到他们能够充分证明自己答案的正确性为止。没有激情的应聘者会选择放弃，而这样的人也绝对不会被录取。

一个有激情的应聘者会始终坚持自己的立场，这样的人才才能成为企业财富的创造者。

一位微软人说：“没有这种热情，你在和客户交流的时候就很难说服他们。这种热情就来自于某种内在的东西。在微软工作，热情与聪明同等重要。”

美国经济学家罗宾斯（Robbins. S. P. ）认为，人的价值=人力资本×工作热情×工作能力。一个人如果没有工作热情，那么他的价值就是零。工作热情不是课堂上老师教的，也不是书本上写的，更不是父母天生给的。它是对事业、对工作的高度热爱，对社会、对他人的一片赤诚，对业务、对知识的无限渴求，对人生、对未来的美好憧憬，是以愉悦的心情去创造、去拼搏的动力。

当你无法在工作中找到激情和动力时，请重新思考你所从事的工作的神圣与伟大。任何工作都有它自身的神圣与伟大。假如你做了多年的教师，很有可能对整天和小孩子、粉笔打交道而厌烦；假如你是医生，很可能对患者的痛苦和患者家属的愁容无动于衷。公事公办式的职业道德在你眼里可能是可笑的，你可能会想，老板给我涨点薪水可能就会改变我的工作态度。其实，这时你缺少的不是薪水与职位，而是工作的激情。

许多人在刚刚踏入职场之初，干劲十足、激情高涨，对自己的职业前途寄予“厚望”。但用不了多长时间，工作的平淡就会磨平他们的工作激情，他们就会觉得自己像个机器人，每天重复着单调的动作，处理着枯燥的事物。他们每天想的不是怎样提高工作效率、提升自己的业绩，而是盼望着能早点下班，期望着上司不要把困难的工作分配给自己。每当工作中出现不顺心的事，就会“鼓励”自己换个工作环境，然而每一次跳槽的结果都不尽如人意。他们要想摆脱职业困境，跳出这一怪圈，就必须想办法找回工作激情。

培养工作激情需要做到两点：

首先，必须明确工作的目的。知道自己在为了什么而工作是非常重要的。如果是为了理想，为了展示自己实实在在的价值，被他人和社会认可，为了没有白活一生而工作，而不仅仅是为了一份薪水而工作，就会感到快乐，感到工作总是有激情的。

然后，需要分阶段给自己确定目标。人们往往只在爬坡的时候才会感到干劲十足，充满激情。当爬上山顶的时候反而觉得迷茫。所以，人们需要不断地给自己树立新的目标，这样工作起来才会有方向、有动力、有奔头，才有助于保持高涨的工作热情。

保持一颗热情的心

在英文中，“热情”这个词是由两个希腊字根所组成的，一个是“内”，一个是“神”。这也就是说，热情其实就是一个人因为对所从事的事业具有浓厚的兴趣，从而表现出来的一种积极向上的态度。黑格尔说过：“没有热情，世界上没有一件伟大的事能完成。”的确，热情是一种状态，是你获得成功的原动力，是你成就事业的源泉。热情对于做人或做事都是不可或缺的条件，热情就像发动机一般能使电灯发光、机器运转，热情能激励人去唤醒心中沉睡的潜能、才干和活力，它能驱动人、引导人奔向光明的前程。

由此可以看出，一个热情的人，就等于有一尊神在他的心里。同样一份工作，同样由你来干，有热情和没有热情，效果是截然不同的。如果你的心中总是充满了激情，那么你做什么都会充满力量。反之，一个没有激情的人是不能够做到始终如一的，更不要期望他能够做出什么令人骄傲的成绩来了。可见，培养热情是至关重要的。

现代企业需要更多有工作热情的员工，他们才是这支企业大军的先锋队，在任何困难面前，一个充满工作热情的团队都能将之迅速化解。身处职场中，只要你拥有对工作的极大热情并让人看到你的这种工作热情，即使你不具备超人的才气，你在职场上的成功机会仍会很多。

要想让自己具有这种工作热情也并非难事，比尔·盖茨就曾说过这样的话："一个优秀的员工具有的两大优良品质——老人一样的经验和小孩一样的好奇心。"职场中的员工，只有始终保持一颗如幼童般的好奇心，才能在工作中充满热情并不断去探索和创新。

一家公司在海外拓展业务，欲在公司内部选派一名精明强干者充任经理。为此，老板想了一个办法，他召集部下当众宣布：二楼角落里的那个房间暂时谁都不可以进去。员工们虽然对此感到疑惑，但大多自觉遵守了这个新规定。可是有一个员工却对此感到很奇怪，好奇心促使他想要揭开谜底：里面究竟是什么，为什么不让我们进入呢？于是一天下班之后他偷偷进入了那个房间，发现房间里留有一张字条，上面写着："拿上这张字条来办公室找我。"

第二天，老板宣布这个充满好奇心的人成为新区的业务经理，看到大家疑惑不解的神情，老板解释说："在日常的工作中，无条件的服从绝对是一个员工的必备条件，可是对于一项新业务的拓展，热情和干劲却是第一位的。因为没有强烈的好奇心，就不可能有十足的热情。"后来的结果果然就像老板预料的那样，这位充满好奇心的新业务经理在海外把业务开展得有声有色。

现在，你终于明白了吧，作为公司中的一名普通职员，你或许无法选择自己的工作环境，但是你可以试着培养自己的工作热情。如果你想成为一名优秀的员工，那么就最大限度地培养自己的工作热情，以刺激自己更具创造性地思考和工作，它会引领你走向成功的道路。一个充满热情的员工，可以感染企业中的一大群人，这种感染力甚至会让整个团体都活跃起来。试想，有哪个老板、哪个主管会不喜欢这样的员工呢？

小叶顺利地通过了一家外资公司的考核，正式成为了这家公司的职员。他发现同事大部分都有丰富的经验，每每开会听到他们的意见和建议，小叶总是感觉自己和他们的差距很大。在这种无形的工作压力下，他在每天的工作时间里始终处于一种莫名的兴奋之中。他抓紧时间熟悉业务，每天6点钟起床，制定出自己全天的工作计划，一直忙到很晚才收工。每天忙碌于工作中间他感到很充实，也过得很开心。小叶这种激情四射的工作状态，使他不久就在工作上有了很大的起色从而获得了提升的机会。

传统的公司“择人观”都是对那些有资历、有经验的老员工青睐有加。但是，现在的一些高科技产业，特别IT行业，大部分员工都是一些刚刚毕业的年轻人，为什么会出现这样的情况呢？一些精明的企业管理者在知识经济的迅猛冲击下，他们逐渐意识到了老员工相对来说固然经验丰富一些，但是经年累月下来往往都缺乏年轻人那种工作中的热情和闯劲。而热情，才正是这些企业不可或缺的宝藏。

我们知道拿破仑几乎征服了整个欧洲，拿破仑所到之处，都会聚集成千上万的、自发组织起来欢迎他的居民，即使是一个毫不相关的旁观者，也不得不被当时的热烈情绪所感染。我们敬佩拿破仑，但我们更应该赞美拿破仑手下那些具有澎湃热情的士兵，他们同样都是最伟大的人。从这个意义上讲，对于企业的一名职员来说，是否具有工作热情就并非是一件小事了。每个员工都是企业的一名士兵，一个充满热情的员工必然会感染周围的每一个人，从而一起为企业赢得更大的胜利。

伊尔说过："离开了热情是无法做出伟大的创造的。这也正是一切伟大事物所激励人心的地方。离开了热情，任何人都算不了什么；而有了热情，任何人都不可小觑。"所以说，热情是点燃生命的火种，热情是照亮前程的心灯。也只有那些心怀热情的人，方能绽放光彩绚丽的人生！所以，请保持一颗热情的心，让你的心中永远充满阳光，那是会给你带来奇迹的。

热情是工作之魂

美国微软集团每年都会在一些知名大学里招聘员工，那他们招聘员工的标准是什么呢？一位负责招聘的工作人员面对记者这样的提问，说了这样一番话："我们愿意招收的人，他首先应是一个非常热情的人，应该对工作热情，对技术热情，对公司热情，对同事热情。有时候在一个具体的工作岗位上，你们会觉得奇怪，怎么会招这么一个人，他的资历不深，年纪也不大，能胜任这个工作吗？其实，你只要和他谈过一次话，你就会受到他的感染，愿意给他一个机会，这就是他所怀有的热情导致的。"

热情是一种发自于内心，又深入内心的意志精神力量。它能将内心热烈的感觉表现到表面来，因此，当你对工作满怀热情的时候，工作就能吸引你的注意力，让你陶醉于工作之中。从这个层面上来说，热情是工作的灵魂。一个对工作没有热情的人，他就不能把自己的注意力集中在工作上，于是更多的时候，他会像一个游离物一样，找不到自己的立足点，也就不可能做出什么成绩。

在美国钢铁大王卡内基的办公室里，挂着这样的一块牌子，上面写着他的座右铭：

你有信仰就年轻，
疑惑就年老；
有自信就年轻，
畏惧就年老；
有希望就年轻，
绝望就年老；
岁月使你皮肤起皱，
但是失去了热情，
就损伤了灵魂。

热情，就是个性的原动力。没有它，你所拥有的任何能力都难以发挥。我们可以毫不犹豫地说：人人身上都有许多尚未开发的领域。或许你有学问，有正确的判断力，有严密的推理能力，有惊人的综合力，不过，你一定要全身心地投入到思考和行动之中，否则没有一个人，会知道自己是一个怎么样的人。

然而要全身心地投入到思考和行动之中，就必须拥有对工作的热情。正如卡内基办公室牌子上所写："失去了热情，就损伤了灵魂"。确实如此，对于每一个致力于成功的人来说，都应该牢记这句话。在各种成功的素质中，居于首位的，应该就是热情。可以说，一个对工作充满热情的人，无论从事什么样的工作，都会认为自己的工作是一项神圣的天职，并怀着深切的兴趣，不管遇到的困难有多么艰巨，他都会始终如一地用热情和负责任的态度去进行。而一旦抱有了这样的一种态度，任何人都将有获取成功的机会。

有三个工人，正在各自盖一间房子。

第一个工人没开始干多久，就不耐烦了，他在心里这样想：“这房子反正也不是盖给我住的，费那么大的劲干嘛”，于是他用了更快的速度，草草地就把房子盖好了，房子看起来摇摇欲坠，似乎一阵风就能把它给吹塌了。

第二个工人也是做了几天就感到枯燥了，可是他并没有像第一个工人那样，迅速地把房子盖起来，他心里是这样想的：“我既然收了别人的工钱，就有责任把房子盖好”，于是，他继续认真地干活，一丝不苟地完成了工作，他盖的房子看起来十分结实。

第三个工人干着干着就变得快乐起来，心里这样想道：“盖房子真是一件美妙的事情，如果在房前种一些花草，房后再建一个园圃，一家人快快乐乐地住进来，多好啊！”于是他越想越高兴，不自禁地吹起了口哨，以更大的热情干了起来，并在房子上加了不少自己的创意。房子盖好之后，看起来美观大方。

一些年过去了，这三个工人他们的结局是不同的。第一个工人不久前失业了，现在正在找工作；第二个工人，一切都还是老样子，他仍然认认真真地做着自己老本行；而第三个工人，却成了一位很有名气的建筑大师，经他手设计出来的房子独具风格、美轮美奂，很受人们的欢迎。

这三个工人，就是对工作抱有三种不同态度的人。用一种敷衍或者消极的态度来对待工作，永远不可能会做出什么像样的成绩来；只有把自己的全部热情和喜爱都注入到工作中，事情才会向着你想要的更美好的方向发展。

热情是一种态度

对工作是否具有热情，这首先是一个态度问题。也就是说，诚然自己愿意从事的工作会让你具有热情，但那些自己不喜欢的工作也并非不能激发出你的热情来，只要你培养了热情的态度。而这，也是做任何事情的必要条件。许多人对现在正从事的工作感觉到棘手甚至难以解决，并非是因为事情有多么难办，而是因为他们缺乏热情的态度。因此，要想让自己在工作中得心应手，并取得骄人的成绩，最迫切的就是培养起热情的态度，并在热情的引导下去处理那些你最不感兴趣的事。

俄亥俄州克里夫兰市的史坦·诺瓦克下班回到家里，发现他最小的儿子提姆又哭又叫地猛踢客厅的墙壁。小提姆过十天就要开始上幼儿园了，他不愿意去，就这样以示抗议。按照史坦平时的作风，他会把孩子赶回自己的卧室去，让孩子一个人在里面，并且告诉孩子他最好还是听话去上幼儿园。由于已了解这种做法并不能使孩子欢欢喜喜地去幼儿园，史坦决定运用刚学到的知识：热情是一种重要的力量。

他坐下来想："如果我是提姆的话，我怎么样才会乐意去上幼儿园？”他和太太列出所有提姆在幼儿园里可能会做的趣事，例如画画、唱歌、交新朋友等等。然后他们就开始行动，史坦对这次行动作了生动的描绘：“我们都在饭厅桌子上画起画来，我太太、另一个儿子鲍布和我自己，都觉得很有趣。没有多久，提姆就来偷看我们究竟在做什么事，接着表示他也要画。‘不行，你得先上幼儿园去学习怎样画。’我鼓起了全部热情，以他能够听懂的话，说出他在幼儿园中可能会得到的乐趣。第二天早晨，我起床后发现提姆坐在客厅的椅子上睡着了。‘你怎么睡在这里呢？’我问。‘我等着去上幼儿园，我不想迟到。’我们全家的热情已经鼓起了提姆心里对上幼儿园的渴望，而这一点是讨论或威胁、怒骂都不可能做到的。”

热情属于人的一种意识状态，当人处在这样的一种状态之下时，就能够使整个身心都充满活力，并采取积极的行动，进而使工作与生活不再显得辛苦、单调。另外，热情还可以感染到每个和你有接触的人，让他们与你一起共同奋斗，创造美好未来。

事实上，一个热情的人，等于是有神在他的心里。热情也就是内心的光辉——一种炙热的、精神的特质，如果将这种特质注入到我们的奋斗之中，那么我们无论面对什么样的困难都将所向披靡，战无不胜。

因此，对于每一个追求成功的人来说，培养热情的态度是至关重要的。那么，我们该如何培养起自己的热情态度呢？

（1）制订一个明确的目标。

（2）清楚地写出你的目标、达到目标的计划，以及为了达到目标你愿意付出的代价。

（3）用强烈的欲望作为达到目标的后盾，使欲望变得狂热，让它成为你脑子中最重要的一件事。

（4）立即执行你的计划。

（5）正确而且坚定地照着计划去做。

（6）如果你遭遇到失败，应再仔细地研究一下计划，必要时应加以修改，别因为失败就变更计划。

（7）断绝使你失去愉悦心情以及对你采取反对态度者的关系，务必使自己保持乐观。

（8）切勿在过完一天之后才发现一无所获。你应将热情培养成一种习惯，而习惯需要不断地收起。

（9）必须以达到既定目标的态度来推销自己，自我暗示是培养热情的有力力量。

（10）随时保持积极的心态。在充满恐惧、嫉妒、贪婪、怀疑、报复、仇恨、无耐性和拖延的世界里不可能出现热情，它需要积极的思想和态度。

我们每个人都不甘于默默无闻，都渴望自己的生命中能有火花迸现，最好燃烧成一堆熊熊的烈火。那么，就让我们在工作中保持着热情的态度。它是我们获得成功的不二法门。

热情才能做得更好

乔·吉拉德以连续12年平均每天销售6辆汽车的纪录荣登“世界吉斯尼纪录大全”，并被称为世界上最伟大的推销员。人们都无不惊叹他何以能取得这样突出的成就?

有一次，有个人问他是干什么的，吉拉德说自己是汽车推销员。

听到回答后，对方不屑一顾：“你是卖汽车的啊?”

乔·吉拉德听出了对方语气中的蔑视，于是大声说道：“是啊，我以自己是个推销员为荣，我爱我的工作。”

《致加西亚的信》中的主人公罗文说，当他一穿上军服，浑身上下顿时就会充满无穷的力量，就仿佛一匹随时奔向草原的烈马：四肢有力，目光锐利，头脑活跃。一旦接受了某项任务，他就会全心全意地去完成，任何困难都难不倒他。因为他热爱这份工作，这就是理由。

在完成把信送给加西亚这项任务之前，他已经完成了几项看起来根本不可能完成的任务，这也就是中情局局长阿瑟·瓦格纳上校之所以会如此肯定地对总统说：“如果有人能把信送给加西亚，那么这个人一定就是罗文。”

可以肯定的是，世界上任何成就的取得，都离不开热情这种具有魔法般功效的力量，而要使自己对某一件事情焕发出热情来，首先就必须对它有热爱之情。乔·吉拉德以自己是一个推销员为荣，罗文一穿上军装浑身就充满无穷的力量，也正是因此，他们才会取得别人望尘莫及的成就，完成别人认为根本不可能完成的任务。

我有一个朋友，记得他大学毕业刚来到北京，可以说是身无分文，住的房子里面除了一张床、一个桌子之外，其他的什么东西也没有了，平时的一日三餐都无法保障。他找了一份销售的工作，刚开始的时候一个月只能拿到几百元的底薪，认识他的人都劝他还不如换一份技术类的工作，这样工资也相对会高一些，可他却说：“我认为做销售更适合我，也更有前途，虽然现在生活是有些困难，可这只是暂时的，等我的销售技巧熟练了，我就一定可以拿高薪的。”

后来的事实证明了他的决定是正确的，一年之后，他每个月拿到的工资已经是他当初的5倍了，而且还升到了销售经理的位置，并且公司分给了他股份，他的前途可以说是一片光明。这个时候，他不无感慨地说：“幸亏那时我没有换其他的工作，如果换了的话，我肯定不会取得今天这样的成绩。其实，当时我坚持做销售的最主要原因还是我喜欢这样的工作，热爱才能做得更好，也才能成功!”

“热爱才能做得更好”，事实上确实是这样的。我们常常听到好多人抱怨：“工作真辛苦！真希望一辈子不用工作。”工作是我们赖以生存的手段，也是我们得以实现自我价值的载体，世界上任何一个人都必须通过工作来生活。工作诚然是辛苦的，世界上也没有任何工作是不用付出便能有所收获的，要想做出一番成就来，就必须付出。其实，只要你能从事自己喜欢的工作，把工作当成一种乐趣，那么，工作对你来说，就是一种快乐，这样你就不会感觉到辛苦。当你把工作当成一种乐趣，并且一辈子做它的时候，事实上你是在从事你的“兴趣”，而不是在工作。

从出生的那一刻起，世界呈现在他眼前的就是一片漆黑。为了生存，他便继承了父亲的职业——花匠。

听人说花是五颜六色、姹紫嫣红的，可他却看不到这些，他只是在有空的时候，用指尖去轻轻地触摸着花朵，然后把鼻子凑过去小心地嗅一嗅花香。他在自己的心底里勾勒出了花的娇态，并给不同香味的花添上了不同的色彩。

他比任何一个人都更要爱花，每天都要给花浇水，隔一段时间还要拔草除虫。他手边总是准备着一把伞，下雨的时候就替花遮雨，太阳毒的时候就替花遮阳……他对花如此的呵护备至，使得很多人都觉得奇怪，仅仅是花而已，值得这么做吗？不过，他的花确实是全城里长得最好的。从这里经过的人，大老远就能闻到一股醉人的花香，于是人们也总会停住脚步来，欣赏一番满园的玫瑰、菊花、牡丹……五彩斑斓，每每让人流连忘返。

花匠也许是再普通不过的职业了，可盲人用自己的热爱和心血，让花长得分外娇艳。由此可见，无论是任何一个人，只有真心热爱自己的事业，为之付出自己全部的热忱，就一定能够做出让人艳羡的成绩来。

不要挑剔工作

很多人都会因为对工作不满意而整日发愁，这种心态严重影响了人们快乐的生活。挑剔工作就是一种对工作不满意的表现。很多人都会用这种方法来宣泄情绪，用这种方式表现出自己对工作的不满。其实，这样做对自己是全无好处的，不仅会使自己对工作失去兴趣，对完成工作也有着很大的影响。

挑剔会使你变得令人讨厌，无论同事和领导，乃至是你身边的每个人，都会因为你的挑剔而对你产生排斥的心理，因为你这样做，往往会造成对别人自尊的伤害。当别人满怀喜悦地将一件事情，或是一样东西交给你的时候，你却对此始终都在挑剔，这就是一种对人不尊重的表现。那么，在人人都对你感到反感的同时，身边的人就会渐渐离你而去，你的人生就会很孤独，你便无法顺利地工作，快乐地生活。

那些对很多事情喜欢挑三拣四的人，一定会是一个不能为大局着想的人，他们心中始终都会有自己的如意算盘，时刻都在盘算着如何用最小的工作量来换取同样或更多的报酬。为了达到此目的，他们甚至不会在乎任何人的感受，只要自己得到了满意的结果，其他的似乎已经跟他们没有了一点关系了。

任何一件事情的完成都是由很多部分组合而成的，而每部分工作的轻重和难易程度不可能完成相同，一个对工作保持乐观的人，他在意的是如何完成属于自己的那部分工作，而不会在意所承担事情的轻重、难易和大小，更不会因此而挑三拣四。看看那些始终工作的很快乐的人，他们往往会喜欢接受艰巨的、充满挑战的任务，虽然知道自己一定会付出比别人多的努力，虽然知道期间会付出很多辛苦，可他们还是会积极地接受，因为他们深知，只有这样才能体现出自己的工作能力，磨练出更加坚定的意志，为以后赢取快乐和幸福奠定更加牢固的基础。

维斯卡亚公司是20世纪80年代美国著名的机械制造公司，公司的产品销往了世界各地，代表着当今重型机械制造业的最高水平。在那个年代的年轻人毕业后都以能到这家工作为荣。可要想进入这家公司工作是一件非常困难的事，许多人前去应聘都被公司以技术人员已满的理由一一拒绝了。但是令人垂涎的待遇和足以自豪、炫耀的地位仍然向那些有志的求职者闪耀着诱人的光环。史蒂芬是哈佛大学机器制造业的高材生。和许多人的命运一样，史蒂芬在该公司每一年的用人测试会上都被拒绝可申请，尽管如此，史蒂芬也并没有放弃，他发誓一定要成为这家公司的一名正式员工。

为了实现这一目标，史蒂芬首先找到了该公司的人事部，恳求其给自己一个无偿实习的机会，无论分派给什么样的工作，他都会不记任何报酬来完成。如此的真诚打动了有关负责人，于是便分派他去打扫车间里的废品。在今后的一年当中，这位毕业于哈佛大学机械制造的高材生每天都重复着这种没有一点技术含量又非常辛苦的工作。

领导对这个年轻人的所作所为感到非常的敬佩，公司里的很多人对史蒂芬的态度都非常好，可尽管如此，仍然没有任何提到录用他的问题。不久，因为经济衰退，公司的很多订单都被的退回，理由均是产品的质量有问题，因此公司受得了巨大的损失。为了挽救当时的不利局面，公司董事会召开紧急会议商议解决方案。对于史蒂芬来说，机会终于来了，他提出要直接见总经理。史蒂芬对产品质量问题出现的原因做出了令人信服的解释，并就工作技术上的问题提出了自己的看法，随后拿出了自己对产品改造的设计图。当人们看完了史蒂芬的设计图后感到非常的吃惊，此设计不但保留了原有产品的优点，同时也克服了以往的弊病。总经理及董事会的董事见到这个编外清洁工如此精明在行，便询问起他的背景及现状，当了解了史蒂芬的用心良苦后，当即聘史蒂芬为公司负责生产技术问题的副总经理。

挑剔不但会使人们的情绪变得糟糕，很多时候，还会因此而错失发展机会。因为你的挑剔，别人会觉得你是一个高傲的人。因为你的挑剔，别人会觉得你不可理喻。任何人都不喜欢和一个挑剔的人相处，因为他总是给人带来一些不必要的烦恼。无论工作还是生活，我们都要坚决杜绝挑剔，这种行为是令人讨厌的，它必定会给我们带来很多烦恼。铲除挑剔，热情面对工作，这样我们才会得到领导以及身边人的支持，才能与周围人和谐地相处，从而为自己赢得成功的机会。

要把敬业当成一种习惯

孔子称敬业精神为“执事敬”，朱熹解释敬业为“专心致志，以事其业”。现代意义上的敬业，就是尽职尽责、忠于职守、认真负责、全心全意、善始善终、一丝不苟等等。我们把这些特点概括起来，用三个字来形容就是——责任心。这是一种积极向上的心态，是职场从业者的基本价值观和信条。敬业是一种使命，是人类共同拥有和崇尚的一种精神。如果一个人以一种尊敬、虔诚的心灵来对待职业，甚至对职业有一种敬畏的态度，那他就已经具有了敬业精神。所以，敬业是职业精神的首要内涵，是职业道德的集中体现。

大家对木桶理论一定都很熟悉，一个木桶所能装水的多少完全取决于最短的那块木板。如果把一个员工的各项素质和技能都看成是一个木桶，他对企业所作的贡献将取决于责任心那块木板。如果没有责任心来支撑，再多的知识、再强的能力对于公司来说都是没有多大意义的。有一项调查显示，现在大多数的用人单位已不将学历作为公司招聘的首要条件，在他们看来，正确的工作态度才是公司更需要的，其次才是工作技能和工作经验。由此可见，任何公司首先欢迎的是有责任心的员工。你的责任心有多大，你就可以走多远。

年轻的小马在一家钢铁公司谋得一职。第一天上班，他就发现在废料场上有很多炼铁的矿石并没有得到完全的冶炼。这样的情况持续下去会使公司遭受很大的损失。于是他把这种情况报告给了负责技术的工程师，但工程师很自信地拒绝了他这一建议：他绝不相信公司如此一流的技术会出现这样低级的问题。

小马无法，他只好拿着没有冶炼好的矿石到公司负责技术的总工程师处反映情况。总工程师认真听完他的讲述后，出于职业的敏感他意识到，绝对是出问题了。

总工程师马上召集负责技术的工程师到车间召开现场工作会议，果然发现了一些冶炼并不充分的矿石。经过检查发现：这只不过是监测机器上的某个零件出现了松动才导致问题的发生。公司董事长知道了这件事，他不但奖励了小马，而且还晋升他为负责技术监督的工程师。董事长在全体工作会议上感慨地说："人才是重要的，因此我们能够拥有一流的技术。但对于一个企业来讲，它所需要的更是那些真正敬业到位的人才。"

的确如此，敬业，首先是一份工作宣言。在这份宣言里，你首先表明的是你的工作态度：你要以高度的责任感对待你的工作，不懈怠你的工作，对于工作中出现的问题能勇敢地承担，这是保证你的工作能够有效完成的基本条件。

责任心，就是敬业精神的核心内容，甚至把它理解为一种崇高的精神境界也一点不为过。敬业，就是尊重并重视自己的职业，对此付出全身心的努力，即使付出再多的代价也心甘情愿，并能够克服各种困难做到善始善终。但是在企业里，你是否会发现这样一些人，他们总是在工作中偷懒、不负责任。这样的员工，在他们的头脑中根本对敬业就没有一个正确的理解，更不会把工作当成一种神圣的使命。

有一个老木匠，他今年已经65岁了，他告诉雇主他的年纪大了，已经干不动了，是时候该回家与妻子儿女享受天伦之乐了。老木匠一辈子老实巴交的，每次见到他总是在那里闷头干活，因此雇主也很器重他。经过再三的挽留，看到老木匠似乎决心已定，雇主只得答应了他的请求，但还是要求他再建造最后一座房子，老木匠为了能尽快回家只得答应了。可是，现在老木匠的心思已经不在盖房子上了，他只想快点、再快点完工，对于建筑中所需要注意的问题，他也懒得再多花费心思去琢磨，往日的敬业精神已不复存在了。

很快，房子竣工了，雇主来了，他拍拍老木匠的肩膀，把一把钥匙交到老木匠的手上诚恳地说："老伙计，这房子归你了，这是我送给你的退休礼物。"老木匠顿时感到十分的震惊和悔恨，回想自己这一生盖了无数好房子，最后建了一座这样粗制滥造的房子，自己却要住进去。这真是莫大的讽刺啊！出现这样的结果或许就是因为老木匠没有把敬业精神贯彻到底的缘故吧。

所以说，一个人一生都要对自己的工作保持敬业精神，直到他退休前的那一刻；做任何事情都要善始善终，前面做得再好，也可能会因为最后一刻的放松而功亏一篑，前功尽弃。

对于敬业精神，有些员工似乎天生具有，工作对于他们来说只要一接手就可以做到废寝忘食，但有些员工的敬业精神则需要培养和锻炼。美国著名心理学博士艾尔森对世界100名各领域中的杰出人士做了

一项问卷调查，结果61%的成功人士坦承，目前他们所从事的职业不是他们内心最喜欢做的，至少不是心目中最理想的。即然他们不喜欢眼下的工作，为何又能做得那么优秀呢？

出身于音乐世家，现如今为美国证券业界的风云人物的苏珊对此做出了这样的回答："这是我应尽的职责，必须认真对待。不管喜欢不喜欢，那都是一定要面对的，没有理由草草应付。那是对工作负责，也是对自己负责。"

"这是我应尽的职责"，这句话真的很耐人寻味，它体现出这些成功人士对他们现在所从事工作的敬重，这就是"在其位，谋其政，成其事"的敬业精神。

事实上，生活中由于种种原因，纵使那些所谓的"名门之后"也不一定从事他们所喜欢的工作，我们这些"常人"大多也会出现这种情况。但你绝对不能因为不喜欢，就成为对工作敷衍了事的借口。我们应该做的是，用自己的态度来控制工作，而不是让工作来左右我们的态度。

作为一名职场人士，更应当将敬业当成一种习惯。即使在极其平凡的职业中，处在极其低微的位置上，拥有敬业精神往往也会给我们带来极大的机会。哪怕只是从事修鞋的工作，有人把它当作艺术来做，全身心地投入进去，不管是一个补丁还是换一个鞋底，他们都会一针一线地精心缝补，这样的补鞋匠，你会觉得他就像一个真正的艺术家。反观那些没有敬业精神的补鞋匠则截然相反，在他们看来这仅仅只是一种谋生的手段。

现实生活中也常常存在着这样一群善于投机取巧、逃避责任、寻找借口的人，他们不仅缺乏对于敬业精神的一种神圣使命感，更是缺乏对于敬业精神的世俗意义的理解。一些人，本来很有才华和能力，但是他们对待工作却自由散漫，缺乏敬业精神，这种人将很难得到别人的尊重。一个对工作不负责任的人，是无法从工作中体会到快乐的。当你将工作推给他人的时候，实际上也是将自己的快乐和信心转移给了他人。

只有当我们将敬业变成一种习惯的时候，就会发现我们能从中学到更多的知识，积累更多的经验，能从全身心投入工作的过程中找到更多的快乐。如果你自认为敬业精神还不够，那么就应趁年轻的时候强迫自己敬业——以老板的心态对待公司！经过一段时间之后，你就会发现，敬业已经成为你的习惯。

轻松化解工作压力

在工作中难免会遇到这样或那样的事情，因此会产生无形的心理压力。实际上，压力是一种认知，是在个人认为某种情况超出个人能力所应付的范围时产生的。我们常常认为压力是外来的，一旦碰到了不如意的事情，就认为那是压力。这就要求我们对压力有个正确的认识，一个人能否顺利应付压力，取决于他对压力的认识和态度。下面就让我们来看一则关于沙丁鱼的故事吧：

西班牙人爱吃沙丁鱼，但在古时候，由于渔船窄小，加之沙丁鱼非常娇贵，它们极不适应离开大海之后的环境。所以每次打渔归来，那些娇嫩的沙丁鱼基本都是死的，这不但影响了沙丁鱼的食用味道，而且价格也差了好多。为延长沙丁鱼的活命期，渔民想了很多办法。后来渔民想出一个法子，将几条沙丁鱼的天敌鲶鱼放在运输容器里。沙丁鱼为了躲避天敌的吞食，自然加速游动，从而保持了旺盛的生命力。最终，运到渔港的就是一条条活蹦乱跳的沙丁鱼。

从沙丁鱼的例子中，我们可以看出适当的竞争犹如催化剂，可以最大限度地激发人们体内的潜力。当人们感受到压力存在时，为了能更好地生存发展下去，必然会比其他人更用功。

麻省理工学院曾经做了这样一个很有意思的试验：试验人员用一个铁圈把一个成长中的小南瓜圈住，以便观察南瓜在生长过程中承受的压力能有多大。第一个月测试的结果是南瓜承受了500磅的压力。第二个月，测试的结果是南瓜承受了1500磅的压力，这个结果完全超出了原先的估计。等到第三个月时，测试的结果简直让大家目瞪口呆，这个小小的南瓜竟然承受了3000磅的压力。当充满好奇心的试验人员打开这个不同凡响的南瓜的时候，发现这个南瓜被铁圈箍住的部分充满了坚韧牢固的纤维层，而且南瓜的根系也伸展到了整个试验土壤。

一个小小的南瓜为了冲开铁圈的束缚，尚能够承受如此巨大的压力，并且积极的把压力转化成生存的力量。同理，企业中的员工，在你所处的工作环境下怎么能够不承受工作的压力呢？其实，大多数的员工都能够承受超出他们想象的工作压力，因为他们本身就拥有比自己想象中大得多的潜能。

压力，是磨练成功者的试金石。诸如，在职场上的竞争、忙碌会给人以无形的压力，有些人被压跨了，有些人却可以把压力变成燃料，从而让生命更猛烈地燃烧。优秀的员工不但能够承担来自各个方面的压力，还能够在环境相对轻松的时候给自己“加压”。聪明的员工总是在自己的背后放一根无形的鞭子，让自己在工作过程中的每一秒都处在适当的压力下，这样才有一种紧迫感，才能在工作中保持始终如一的韧劲。企业也总是在不断给员工施加适当压力的过程中，逐渐淘汰那些不能顶住压力的员工，以保持企业的活力与竞争力。

小杜在一家外企工作，近来因工作压力较大，时常出现头痛、失

眠、四肢乏力、记忆力减退等现象，同时经常烦躁不安，动不动就想发火。到医院检查后经医生诊断，并没有发现什么疾病，只不过是由于工作压力太大而导致身体处于亚健康状态。

在现代都市生活当中，像小杜这样情况的并不是个别现象，并且随着社会竞争的加剧，巨大的无形压力正在追赶着上班族。据调查，目前有80%以上的上班族认为自己缺乏职业安全感，担心失业、觉得工作不稳定、缺少归属感、对工作前景感到忧虑、在工作中经常被挫伤自尊心等。这些无形的工作压力会在人的生理和心理方面引起各种不良反应，容易使人产生头痛、失眠、消化不良、精神紧张、焦虑、愤怒以及注意力不集中等症状，严重的还会表现出抑郁症的征兆，如孤僻、绝望，甚至自杀等。

工作中有压力是正常的，在我们的工作当中，每个人都会或多或少地遇到各种压力。既然压力是不可避免、又不可消灭的，那么我们就要学会自我减压，使压力保持在我们能够承受的限度之内，不要发生“水压过大，胀爆水管”的可怕事故。要化解压力，就要不断为自己设定目标，自我加压。处在各种压力之下，你也要善于调整自己的心态。压力是阻力，但压力也是提高你自身能力的催化剂，如果你在面对压力时一味地害怕、困惑，那就很容易被压力打垮。但如果你采取了积极的态度去面对，最后就会发现，其实压力也没什么大不了的。

第三章

培养远大目标

人生没有目标，就像一艘没有航行路线的航船一样，不管你航行了多久始终无法到达彼岸。所以有一个明确的目标才能让你清楚地看到未来，使自己不再无所适从。

要有梦想

梦想，是我们心中的一盏明灯，它照亮了我们前进的方向。在我们的生命中，也正是有了这些精彩纷呈的梦想，才会使我们的生活呈现出如此多的色彩斑斓。没有了它们，我们的生活也就失去了意义。

犹如灯塔给黑夜中航行的船指引方向一样，目标就是我们工作的灯塔，它指引我们一步一步向成功迈进。一个人只有首先拥有了远大的目标，才有前进的方向，才有成就大事的希望。没有目标以及能够达成这项目标的计划，那么不管你如何努力，最终结果都只不过是在浪费自己的时间、浪费公司的资源罢了。

“新生活是从选定方向开始的。”这句话出自世界著名的旅游圣地比塞尔村中的一座纪念碑上。比塞尔位于浩瀚的撒哈拉沙漠中，是一块面积仅15平方公里的绿洲。千百年来，比塞尔人与世隔绝，就生活在这15平方公里的范围之内，他们的祖祖辈辈也从没有一个人能够走出过这片大沙漠。直到1926年，肯·莱文发现了这个村庄，并且教会了当地居民识别北斗星以确定方向的方法，比塞尔人才相继走出了这片沙漠。为此比塞尔人在村庄的中心建立起这样一座纪念碑。

是啊，新生活是从选定方向开始的。比塞尔人正是选定了正确的方向——北斗星的方向，并顺着这个方向一直走下去，才使得他们能够走出这片围困他们千百年的大沙漠。

美国前总统罗斯福夫人的求职经历也是颇耐人寻味的。前总统罗斯福的夫人在本宁顿学院毕业之后，她想在电讯方面找一份工作。她的父亲就介绍她去拜访当时美国无线电公司的董事长萨尔洛夫将军。将军非常热情地接待了她，并且亲切地询问她想从事哪一份具体的工作。“这就要看您的安排了，”在将军的面前，她是一个十足的乖乖女，“随便您安排我做任何工作，我都乐意接受。”但是将军的脸色却凝重起来，“据我所知，我们这里没有一份叫做‘随便’的工作。”他非常严肃地说，“成功的道路是由目标铺成的！”

由此可见，确立明确的目标是你规划职业生涯的关键，事实也证明了只有那些切实可行的目标才是对你的职业生涯有益的，你只有目标明确才可以排除不必要的犹豫和干扰，从而全心地致力于目标的实现中去。

美国斯坦福大学做了一项关于人生目标与人生绩效关系的调查，在随机抽取的被调查对象中，50%的人目标模糊，不能自主；27%的人没有目标，他们往往采取随波逐流的人生态度；10%的人有明确的目标，为自己的未来精心设计；3%的人不仅有明确的目标，而且坚信不移地向着这个目标奋斗。25年之后，当再次跟踪调查这些人的现状时，发现那些没有目标的人几乎都是处在社会最底层，他们往往大多生活困苦；那些目标模糊的人，大多进入蓝领阶层；那些目标明确的人士成为白领阶层，进入上流社会；那3%目标明确、不达目的绝不罢休的人，成为社会的顶尖人士、各行各业的领袖人物。这一调查结果充分显示了目标对人生的积极影响和极其重要的作用。

现实生活当中，又有多少人能够认识到这一点呢？很多人忙于工作本身，而没时间思考工作的意义，更没时间去想对公司的意义。每到下班时，才感到“今天我很忙，但不知道自己做了什么，总之是很忙”，第二天还是如此。在工作中，有的人从来没有一个长远的计划和明确的目标，总是“到时再说吧”，这个弱点使他们永远被拒绝在成功的门外，忙忙碌碌，却碌碌无为。

盖尔·希伊在《开拓者们》中，访问了6万多个各行各业的人士，最后归纳总结出那些最成功和对自己生活最满意的人都有一个共同的特点：那就是他们都致力于实现一个其实际能力所难于达到的目标。

生活中，我们每个人的眼前都应该有这样一个目标，这个目标至少在你本人看来是伟大的。制定自己的职业目标远没有想象的那么困难，你只要考虑一下你希望在多少年之内达到什么目标，然后一步一步往前走就可以了。目标的设定要以自己的最佳才能、最优性格、最大兴趣、最有利的环境等信息为依据。如果没有一个这样切实可行的目标作为驱动力，那么人们就会很容易对现状达成妥协。

成功，就是达到既定的、有意义的目标，没有目标就无所谓成功。你如果想在人生中获得成功，想要成就一番事业，就必须要有一个明确的奋斗目标。目标不是约束，不是羁绊，它是引导我们前进的指明灯。因此，一个人只有向着一项明确目标前进时，他才能产生巨大的力量去实现他的目标。

专注于你的目标

目标就是对于所期望成就的事业的真正决心。如果一个人没有目标，他就不可能做成任何事情，也不可能采取任何步骤。看看那些成功人士吧！他们最明显的特征就是在做事之前就非常清楚地知道自己要达到一个什么样的目的，并深知为了达到这个目的，他需要做出什么样的安排。在开始做事之前，只要明确地记住最终目标，就能肯定，不管哪一天干哪一件事都不会违背你为之确定的最重要的标准，你做的每一件事都会使你离最终目标更靠近一步。

无数的企业中，有许多员工忘记了企业的目标是满足客户的需求，每当有客户前来企业拜访，那些员工总是心不在焉地将客户打发走；每当接到客户的建议信，员工们从不拆封，而是匆匆将信扔在垃圾桶中。诸如此类的情形，可能发生在任何一个人身上。学生时代，你的目标是完成作业，不好意思，又去打球了；商业谈判时，你的目标是达成妥协，对不起，你看见他就生气，事情谈砸。

专注于你的目标，即使你在做的是一件最微不足道的事情，都会变得有意义。在工作中，只要你一开始心中就怀有最终目标，意味着

一开始你就知道自己的目的地在哪里，知道自己现在在哪儿，朝着自己的目标前进，至少可以肯定，你迈出的每一步方向都是正确的，而不会走弯路。那种看似忙忙碌碌，最后却发现自己是背道而驰的情况是非常令人难以接受的。这是许多效率低下、不懂得卓越工作方法的人最容易出现的错误，他们往往半途而废，把大量的时间和精力浪费在了无用的事情上。

我们每天都有无数的事情需要去处理，而且有许多事情看起来还显得非常紧急，比如响个不停的电话、下一个小时的某个会议、给某个客户的回信等等。陷入事务性的圈子，把我们变得忙忙碌碌看来是必须而且是可以理解的。但是实际情况并非如此。有些事虽然紧急，但不是很重要。假如我们把自己的目标忘记，而陷于那些无关紧要的琐碎事当中，那么，我们就会偏离自己的航向，也就浪费了时间，降低了效率。

在工作中，往往有员工失去目标，而使工作变得乏味，使生活失去意义。有目标的人在工作中总是能够创造更大的价值，获得长足的发展。也就是说，只要我们怀有最终目标，就会逐渐形成一种良好的工作方法，养成一种理性的判断规则和工作习惯。如果我们一开始心中就怀有最终目标，就会呈现出与众不同的眼界，也就会在整个的工作过程中将事情的纲领抓牢，而不至于丢三落四，走许多弯路。

所以说，作为一个员工，一定要时刻铭记你的目标、你所要完成的使命，检查自己现在所做的事情是否与目标相左。十分常见的是，人们所做的事情常常与所设定的目标相违背，目标的达成也就遥遥无期。

实现目标讲究策略

成功绝对不是一蹴而就的，我们只能挥洒自己的汗水，一步步地走向成功。其实，一天完成一点事情绝对不像事情的整个过程那么恐怖，因为把一个大的任务分割成若干细小的、易于消化的部分，就会使我们每天的行动都能收到实效，从而鼓起更大的干劲。

当你有了人生的大目标之后，你首先要做的就是把这个“大目标”细化成每天要完成的任务。否则，一个看起来很大的目标，就只能是一座海市蜃楼，只有把它逐步细化为人生的中短期奋斗目标，才使你每天的努力要比整个过程的奋斗容易得多。

当“人生教父”奥格·曼迪诺计划开始写一本约25万字的书稿时，他的心绪甚至感到烦躁不堪了，根本不能平静下来。后来他改变了策略，按照全书的章节结构，每天只要完成一个部分即可，按照这个计划，写作任务进行得顺畅多了。他所做的只要去想下一个段落怎么写，而不是简简单单的下一千字该如何写，这样才思若泉涌，滔滔不绝了。

后来他又接了一件每天写一个广播剧本的差事，就这样一个个地积累起来，截至到目前为止他已经写了有2000个剧本了。每当回想起这段经历，他总是说，如果在这之前签一张“创作2000个剧本”的合同，那他一定会被这个庞大的数目给吓倒，甚至会干脆推掉，但实际上只是在每天写一个这样的剧本，经过几年的积累也就真的有这么多了。

当然，生活中并不是每一个人都具有这样的远见，能定下自己的目标，并按照一定的计划不断朝这个方向努力的。但是明确的目标对于事业的成功确实起着至关重要的作用。无疑，目标明确之后，只有这样按部就班做下去，才是实现你最终目标的唯一聪明做法。

1984年，东京国际马拉松邀请赛上出人意料地杀出一匹“黑马”，名不见经传的日本选手山田本一夺得了世界冠军。当记者问他是凭借什么取得比赛的胜利时，讷言的山田只是说了这么一句话：“用智慧战胜对手！”众所周知，马拉松比赛靠的是体力和耐力的较量，当时许多人认为山田本一这样说不过是在故弄玄虚罢了。

两年后，在意大利国际马拉松邀请赛上，山田本一再次夺冠。当记者再次寻问他成功经验的时候，他还是那句话：“用智慧战胜对手！”这次大家虽然都认同了山田本一的实力，但还是对他这句深奥的话感到十分的迷惑。

一直到10年之后，山田本一在他的自传中揭开了这个谜团，他这样写道：“每次比赛前，我都会事先将比赛的线路仔细看一遍，并记下沿途比较醒目的标志，比如第一个标志是一个商店，第二个标志是一座红房子……这样一直到赛程终点。比赛开始后，我就以百米冲刺的速度奋力向第一个目标冲去，等到达第一个目标后，我又以同样的速度向第二个目标冲去……四十多公里的赛程，就被我分成这么几个小目标，而被我一一征服。”

从山田的成功经历，我们不难看出，真正的成功来源于前进道路上的每一小步，不要幻想凭借好运就能一步登天。要把精力放在若干个短期目标上，你才能实现更长远的目标。坚持不懈，每天都要为实现目标而努力。

在生活中，却常常存在着这样的一些人，他们妄想自己能一步登天，一夜成名，或者一夜暴富。实际上，这样的几率实在少得可怜，甚至可以忽略不计。许多人做事之所以会半途而废，并不是因为目标难度过高，而是因为他自己认为目标太高太远，望而生畏，正是这种心理上的因素导致了失败。如果我们像山田本一那样睿智，把四十多公里的赛程分解成若干个短距离，逐一跨越它，那么你就会感到很轻松。目标具体化可以让你清楚当前该做什么，怎样才能做得更好。所以说，我们要实现自己的目标也要讲究策略，要善于化整为零，从大处着眼，从小处着手，从小目标开始逐步突破！

放弃也是一种选择

我们每个人都在追求，追求自己的梦想、事业和家庭，有追求是一种很积极的心态，我们提倡这种积极的心态。但是，你有没有想过，追求是一种选择，放弃也是一种选择，更是一种变通，就是以另一种角度去追求。放弃不仅是我们在追求某种物质时的一种明智选择，也会让我们有一种如释重负的轻松。

世间有太多的美好的事、美好的物、美好的人。人们总想拥有更多的美好事物，许多人一直在苦苦地向往与追求。为了获得，人们有的忙忙碌碌，有的终其一生，有的得到了，有的得不到，有的在经历了许多之后还是一场空，甚至于抱憾终身。追求美好的目标固然是一种积极的心态，但占有却不是明智的，一个人可以追求自己想要拥有的东西，但是，如果想把你拥有的东西或者没有拥有的东西都占为己有则是一种不正常的心态，学会放弃才是明智的选择，也是一门应该学习的处世之道。

有一位年轻人从学校毕业后来到美国西部求职，他想当一名新闻记者，但人生地不熟，一直没有找到合适的工作。他想起了大作家马克·吐温，于是，他想求助于马克·吐温。年轻人给马克·吐温写了一封信，说明了自己的情况。

马克·吐温收到信后，给年轻人回信说："如果你能按照我的办法去做，你肯定能求到一席之地。你可以先到你喜欢的那家报社，告诉他们你现在不需要薪水，只是想找到一份工作，而且会在报社好好干。一般情况下，报社不会拒绝一个不要薪水的求职人员，你在获得工作以后，就要努力去干。把采写到的新闻给他们看，然后发表出来，这样，你的名字和业绩就会慢慢被别人知道。如果你很出色，那么，不久就会有人聘用你。这时，你就可以到主管那儿和他谈谈，说你非常愿意留在那里工作，当然如果能得到报酬的话。对于报社来说，他们是不会轻易放弃一个有经验又熟悉单位业务的工作人员的。"

年轻人虽然怀疑这样的做法，但还是决定照着马克·吐温的办法去试一试。不久，他得到了一份没有薪酬的工作。几个月后，他就接到了其他报社的聘任书，这时，他的主管也愿意支付高薪来挽留他了。

放弃那些不切实际的幻想是一种选择，但是放弃并不是一件容易的事。当我们以一种平静的心情来对待它时，相信我们不但能顺利地实现自己的目标，而且能使我们在追求时更加轻松。我们说放弃，并不是让你放弃追求，而是坚信理想，追求你选择的人生，但是，要能进能退，你不能在面对任何事情的时候，都不舍得放弃，或许你认为放弃就代表着失败，那么，这种想法会带你走上一条越走越窄的路。

我们所说的放弃，不是轻言放弃，不是在遇到困难时就选择逃避，这不是解决问题的办法。放弃是相对的，有时候它是一种明智的选择，你要明白何时需要放弃，以及如何放弃。这样，你便会远离生活中的一些烦恼，真正洒脱地生活。从小就有很多人教育我们：不要轻言放弃，要学会坚持。但是，坚持的前提是必须有意义，如果你坚持的是一件没有任何意义的事情，甚至这件事情会给别人造成伤害，那么放弃就是最好的选择，比如放弃你追求的一些不切实际的东西、一些坏习惯或者继续做着没有任何价值的事情。

2006年6月26日，全球第二大富豪巴菲特向慈善事业捐款370亿美元！而据《福布斯》杂志估计，巴菲特的身家为440亿美元。这么一大笔的慈善捐助相当于他个人财产的85%，其中，价值300亿美元的1000万股B股股票，将捐给盖茨基金会。

比尔·盖茨一直以一种“投资”的眼光来看待慈善事业。在巴菲特看来，给盖茨基金会的捐助其实也是一项投资，对他而言，把大把的钞票散去不是目的，而是手段，而且他非常相信盖茨的能力和远见。盖茨基金会以“合理投资—高额回报—部分收益用于慈善，剩余收益和本金继续投资”作为运作模式，为的就是能持续发展。

当有记者问巴菲特：“您的子女做错了什么，让您决定把自己的财产这样分配？”现场一片笑声。巴菲特回答说，他认为将巨额财富留给子女会使他们失去向上奋斗的动力，也不利于这个社会的平等观念。“我的子女已经比这个国家99%的孩子有更多的优越感，他们已经生活得非常舒适。把从社会得到的财富回赠给社会，是我一贯的信念。”记者曾对巴菲特的三个孩子进行采访。据报道，小巴菲特们并没有把父亲当做世界第二富豪，他们只从父亲那里继承了少部分的钱。他们都有自己平凡的工作：老大爱纺织，老二在农场干活，老三是歌手，三姐弟都非常朴素。

然而，巴菲特放弃财富只是一种变通，而这种变通不仅是慈善事业的幸事，也给他带来了更大的发展机会和收益。

人有时候就像随风飘散的落叶，有的飘到岸边的水中，很快就被卷入一个一个的漩涡里，或者完全静止不动，或者在一个地方打转，或者乘着激流往下游流去。然而人与树叶不同，随波逐流的落叶，只有无可奈何地听天由命，它的前途完全由风向与流水来决定。人却可以自己决定前途和命运，你可以老呆在静水处一动不动，也可以乘着激流，去寻找更大的发展空间。

放弃在某种情况下就是奉献，并能在这种奉献中得到更多。很多优秀的企业家，在他们功成名就、资产无数时，不是死守着自己挣下的那份家产，而是把更多的目光放在了公益和福利事业上，在自己有能力的条件下，拿出辛苦挣来的钱为社会做贡献。看看那些舍弃财富的故事，你就知道放弃是一种奉献，同时也是得到。

在商业实践中，以超常思维改变思维定式，对于企业营销的成败具有非凡意义，其特点在于出其不意，独辟蹊径，而这恰恰是现代商人所应具备的思维品质。20世纪第二次世界大战胜利初期，联合国决定将总部设在纽约市，但苦于找不到交通便利的好地段。这时，大银行家约翰·洛克菲勒慷慨解囊，主动提出把曼哈顿岛上的一块土地捐赠给联合国总部。一时间，约翰·洛克菲勒的反常举动引来不少议论，一块好端端的地皮为什么要白白送人呢？但是，随着联合国总部的建成，在其周围，富丽堂皇的外交家公寓、一流的大旅馆、酒家、

商场，一座座围绕着这个世界组织的中心大厦拔地而起。与此同时，曼哈顿岛上洛克菲勒财团的一大片原本颓败的地皮也成倍地涨价，变成了纽约最昂贵的街区。这时候，人们才恍然大悟洛克菲勒的“慷慨”，惊叹其与众不同的谋财手段和超常的“先见之明”。林则徐曾写过一副对联：“子孙若如我，留钱做什么？贤而多财，则损其志；子孙不如我，留钱做什么？愚而多财，益增其过。”

放弃一棵树，你会得到整个森林；放弃一滴水，你能拥有整个大海；放弃一片洼地，你就会占领一座高山。况且有些事情放弃了并不等于失去，当你放弃了对梦的追求回归现实时，你会发现美好的一天正等待着你，并为你敞开了一扇通往未来的大门，因为放弃并不是消极地、绝对地摒弃，放弃是一种变通。放弃不是怯懦，也不是自暴自弃，更不是陷入绝境时渴望得到的一种解脱，而是在痛定思痛后的做出的一种选择，因此，人可以在放弃中获得一种新生。

别让贪婪毁了你的快乐

我们的社会需要财富，GDP（国民生产总值）就是统计一个国家每年创造的财富的重要经济指标。创办一个公司需要的投资我们把它称为本钱。每个人的衣、食、住、行也离不开钱。可见，财富是好东西。但是要谨记：君子爱财，取之有道。三百六十行，行行出状元，每个人都有充分展示自己才能的舞台，也都有取财的途径和方法。先知先觉者，可能已经成为致富的带头人，后知后觉者，可能刚刚入行，开始寻求发财的门路。无论如何，除非圣人，任何人都不会视金钱如粪土，因为金钱可以带给我们生活富足和享受的保证，在人类开始享受物质生活的时候，金钱已经成为炙手可热的抢手货了。也难怪常常有人说，钱是好东西，有了钱就有了一切。在竞争激烈的社会，人人都要生存，这些想法都是正常的。但是，人人都有自己的道德标准，不能出卖灵魂和良心，要走一条正确的、适合自己的路，一条指导自己人生宏观运行轨迹的路。

但人类如果不收敛自己日益贪婪的欲望最终会毁了自己。人类之所以能生生不息地繁衍到今天，正是理智让我们这个物种统领着地

球，所以，有贪念不是可耻的，但是如果不用理智来控制自己的贪念就不只是可耻，甚至会造成毁灭。

由大可以见小，小到我们每一个人办每一件事、做每一次选择，只有舍弃不属于自己的东西，才能有所收获。现在，科学技术如此发达，但做人的道理是千古不变。古人有云：鱼，我所欲也；熊掌，亦我所欲也；二者不可兼得，舍鱼而取熊掌也。在适当的时候选择放弃不代表失败和懦弱，因为只有学会放弃才能成就另外一番事业，因为放弃得益的不是别人，受伤的也不是你，而恰恰相反，收获的是你心灵的坦然和轻松。

卫维是一名出租车司机，他每天奔走在城市的大街小巷，有时候，为了多挣些钱，经常是很晚才回家，每天早出晚归，几乎没有时间和家人相处。有的出租车司机为了多挣钱，故意绕路或在计价器上做手脚，特别是一些不正规的黑出租车，更是对搭车的顾客能蒙则蒙，最大限度地欺骗顾客，反正上了贼船，就没有一个不挨宰的。可是，卫维却从来不这样做，他认为，钱虽然是好东西，但是不能挣黑心钱。

一天晚上，他在一栋办公楼门口搭了一名乘客，要去某某小区，一上车就开始和他谈价钱，卫维说："我这是按正规计价打表收费。"乘客不依不饶："我经常坐出租车，知道这个路程需要多少钱，谈好了比较放心，现在出租车做手脚的太多了，我已经上了很多回当。这样，我给你30块钱。"不等卫维说话，乘客就自己说了价钱，卫维也不和他争辩，照样正常打表，因为据他估计这段路程的车费也就25块左右，到时按表收费，乘客就没话说了。等到了目的地，他给乘客指了指打表器，显示的是26块，示意乘客按这个钱收。这位乘客笑了笑：“你这人还真实在。”

还有一次，一位喝得醉醺醺的乘客下车后，忘了拿手提包，车开走后，卫维才发现后座上的手提包，他返回原地，结果没有看见那人的踪影。于是，他电话给交通广播台，希望他们能找到失主。事后，失主连连道谢，并表现出自己的敬佩之情，因为那包里有一些昂贵的首饰，还有一些现金、手机等物，东西一样都没少。

卫维就是这样一个人，不会拿不属于自己的一分钱。当别人说他傻时，他只是笑笑说：“反正我不挣黑心钱，对得起自己的良心，图个心静。”

我们生活在世界上，饮食起居每每会使人窘迫，而金钱的富足能给人带来安定感。真正的成功不是去违心地挣钱，做不正当生意的人可能会从中得到暴利，但是很难长久，来得快去得也快，没有后续的财源，赚的钱很快就会被挥霍掉，最后难免又回到起点。

社会上有各种各样的行业和买卖，很多不法小商贩在街边挣黑心钱，产品质量得不到保证，他们打一枪换一个地方，在尝到一点甜头之后，就更不愿把心思放在踏踏实实的经营管理上了。而不正当的生意终究不会有大的发展。从长远看，真正想成就大业者，都是明明白白做人，清清白白赚钱的。判断一个社会是否健康，其中一个很重要的标准就是商业的健康发展，而商业伦理的多寡则是评价商业健康的重要标尺。中国人曾经用朴素的语言诠释过传统的商业伦理，“童叟无欺”一度是对商家的最高赞誉，然而，这一信条现在已经被一些商家以市场经济为借口冲击得支离破碎。于是，我们才会在现实中遭受到越来越多的商业欺骗。而“童叟无欺”这几个字，适合于劝勉每一个想要获取不义之财的人。德国阿尔布莱西德家族是全世界最富有的十大家族之一，从1949年发展到现在，是德国零售业最大的企业，它的准则就是永远不提高商品的利润率，并想尽办法降低成本，把利润留给客户。

马克思说过，资本的原始积累是肮脏的，每一个毛孔都滴着血。任何事情发展的初期，都带有一种野蛮性，秩序尚未建立，制度也不健全，按常规出招，这样赚取的利润就会小，故而人们都会有一种印象，那就是为富不仁。

真正成功的商人，总是会站在最明亮的地方赚钱，不会利欲熏心，做一些道德所不容之事。众所周知，乾隆年间的大贪官和**珅**，一生利用职务之便疯狂聚敛财富，鱼肉百姓，富可敌国，可其最后又得到了什么？

说到底，并不是财富不好，是不义之财不好；并不是钱肮脏，是不义之财肮脏。为富未必不仁，不谈钱也未必就不贪财。人一生中有很多事情需要做出类似的选择，舍弃应该舍去的，你就是智者。

打破常规，让工作不再枯燥

松下幸之助曾经说过：“今日的世界，并不是武力统治而是创新支配。只有努力创新，才会有前途，墨守陈规或一味模仿别人，到最后一定会失败。”

创新，就是走一条与众不同之路，创新精神是在竞争中取得先机的强有力的武器。无论是商界巨擘洛克菲勒、汽车大王亨利·福特，抑或是其他世界级“大王、寡头”等，可能也无法看懂今日的世界。或许就在一觉醒来的时候，他们就会对眼前所发生的一切感到惊讶不已，原本他们司空见惯的财富排行榜已经发生了巨大的变化，以比尔·盖茨为首的一批原本名不见经传的“小人物”突然之间闯了进来。百年积累的汽车家族、石油帝国等等竟一下子被微软远远地抛在后边。历史已经证明了，农业时代出现的无数大大小小的农场主，必然要被洛克菲勒、福特们所取代，工业时代的石油大王、汽车皇帝等又必然要让位于新的财富霸主——信息时代、知识经济。而这一切，都是创新的脚步带动起来的。

创新意识，就是要勇于打破常规。事实上，只有那些拥有创新

意识、具备创新能力的人才能提出建设性的意见，工作中才能有所突破，业绩才会不断提高。每天都大胆地创新一下，那么，你的工作每天都会充满乐趣。

年轻的洛克菲勒最初在石油公司工作的时候，由于既无学历，又无技术，便被安排去检查石油罐盖的焊接质量。这在整个公司是最为简单的工作，但也是最为枯燥的工作。洛克菲勒并未因此而懈怠，他在这个不起眼的岗位上做得很认真，并且还发现了罐盖的焊接质量与焊接剂的滴速、滴量有一定的关系。为此，他留心观察很长时间，终于发现每焊接好一个罐盖，焊接剂要滴落39滴，而经过他的周密计算，实际上每个罐盖只需38滴焊接剂就可以完全焊接好了。在获得第一手数据之后，他在业余时间里反复试验，终于研制出“38滴型焊接机”。这种焊接机在公司普及使用后，一年下来就可以为公司节省约5亿美元的开支。也正是在此时，年轻的洛克菲勒迈出了他走向成功之路的第一步，直到最终成为世界石油大王。

创新，其实并没有想象中那么神秘，它也并不需要像爱因斯坦或是其他伟大的科学家那样的天才。你只需摒弃一切传统的看法，譬如让你的脑筋转个弯，哪怕只是一个极小的弧度，你也会有新的发现。

生活中，很多人觉得自己所从事的工作很多都是在不断地重复中度过的。仔细观察这些人，你会发现他们的工作成绩始终平平，他们的工作状态也了无生趣。“当人人都以为发生灾难时，创意却可以把它变成机会”，工作同样因为创意而生机盎然、乐趣横生。同样的，这也是那些具有无限创意、勇于创新的员工让人刮目相看的原因。

比如，领带的颜色其实就是那么几种色调，但善于创新的设计师总是将图案的形状、位置、大小、色调等加以变化或重组，有时候是几何图形，有时候是线条，有时候是花样，有时候是素色，有时候是……变化无穷，永无止境的创新，让简单的领带看起来总是那么光鲜多彩。

工作中，很多人对于按部就班、一成不变的工作感到厌倦，但他们又很少有勇气去尝试着改变这种情况。因为在他们的印象中，创新是企业领导的事，或者是那些绝顶聪明人的事，至少是和自己扯不上半点关系的。事实上，这就是对创新的误解，就算你只是找到一种做事的新方法，那也可以称得上是一种创新。创新可以为你一成不变的工作模式制造活力，让你的工作常常保持一种新鲜的感觉。

事实上，大部分的工作突破，都是一般人在现有的心智模式下产生的。创新可能来自常识，一些看起来很普通的东西，只要你愿意去寻找更简单、更容易、更有效率的方法，你就可以创造突破。关键在于你是否愿意创新。

伊科特兹建筑，是当今非常受欢迎的建筑形式。这个建筑形式的起源还有一个非常有意思的故事：当初，位于圣地亚哥的伊科特兹旅馆由于只有一部电梯，使用起来非常不便，因此旅馆决定再建一部电梯，并召集工程师与建筑师讨论解决方案。讨论的结果是，他们决定将旅馆由底部到顶楼开一个洞。这时，一位旅馆的警卫来到专家们的面前提出了他的质疑："如果你们这么干的话，整个旅馆内到处都会是灰尘、砖块等。"专家回答："这没问题，施工期间旅馆会关闭的"。"那可能很多人会在施工期间失去工作的！"警卫又说："为什么不在旅馆外面建电梯呢?"这样，伊科特兹式的建筑风格诞生了。

瞧，创新真的很难么？其实只要你多想一点罢了！人类生存的意义也就在于此。其实，每个人都有一些创造力，只是大多数人并没有学会如何去开发、应用它。人如果离开了创新，即使如何勤奋，他所创造的价值，也不会比一名搬运工多多少。作为一名优秀的员工更要以积极的心态寻找那些对企业大有帮助的创意，善于抓住那些一闪而过的奇思妙想。在我们的工作中不是缺少创意，而是缺少想象。

越来越多的管理者已经明确感受到墨守陈规不会有较快或更大的发展，只有用敏锐的创新的眼光在变化中求生存，才有可能使自已立于不败之地。你的创意多吗？勇敢地拿出来吧。

换一个思路看问题

一个周末的上午，某百货商店早已经打开店门，把库存以久的衬衫拿出来摆在门口，经理想今天也许会有一个比较好的销量，但是，至到上午十点，却没有一个人问津，经理的心一点点经受时间的煎熬：大量积压了几个月的衬衫，要如何才能将它们完全销售出去呢？他担心是否这个季末的销售计划又无法完成。正当他愁容满面地站在窗前苦思冥想的时候，他看到街对面的水果店排着长队的人们在买苹果，不断有人叫喊："每人只能买一公斤！"忽然他计上心来，立即拟写了一张广告，严厉吩咐售货员；"未经我批字许可，只准卖一件！"几分钟过后，一个顾客走进经理办公室："我有一大家子人……""很抱歉，我实在无能为力。"顾客正转身要走，经理说："卖给你3件。"并写了一张条子送给喜出望外的顾客。这顾客一出门，一个男人闯进办公室就大声嚷道：

"你们根据什么限量出售衬衫?"

"根据实际情况，"经理问答，"我破例给您两件吧。"

有一个年轻人在一个小时内几进几出，买到了大批衬衫。这时，

经理的电话铃响了，经理有点应接不暇了。百货商店门口竟然排起了长队，赶来维持秩序的警察，优先买了一件衬衫。

下午，经理又想出一个窍门：出售衬衫搭手帕。顾客虽然怨气冲天，仍争相购买。所有积压的衬衫被抢购一空。

看到别人未曾看到的，想到别人未曾想到的，这就是创新。它需要一个人敏锐的眼光和过人的胆识，并理智地附诸于行动，下一个奇迹也许就是你创造的。

我们总以为伟大的事业是那么遥不可及，殊不知无论多大的事业都是从小事做起，从最简单、最容易、最微小的事做起，这是每个成功者的必修课。

上个世纪五十年代，松下电器与生产电气精品的大阪制造厂合资，创建了大阪电气精品公司，开发制造电风扇。当时，松下幸之助委任松下电器公司的西田千秋为总经理，自己任顾问。

这家公司的前身，是专做电风扇的，而且后来还开发了民用排风扇。但是相比而言，产品还显得很单一。西田千秋准备开发新的产品，试着探询松下的意见。松下对他说："只做风的生意就可以了。"

当时松下的想法，是想让松下电器的附属公司尽可能专业化，以图突破。可是松下精工的电风扇制造已经做得相当卓越，颇有余力开发新的领域。尽管如此，西田得到的仍是松下否定的回答。

然而，西田并未因松下这样的回答而丧气。他的思维极其灵敏，他紧盯住松下问道："只要是与风有关的，任何事情都可以做吗?"

松下并未细想此话的真正意思，但西田所问的与自己的指示很吻合，所以回答说：“当然可以了。”

四五年之后，松下又到这家工厂视察，看到厂里正在生产暖风机，便问西田：“这是电风扇吗?”

西田说：“不是。但它和风有关。电风扇是冷风，这个是暖风，你说过要我们做风的生意，这难道不是吗?”

后来，西田千秋一手操办的松下精工风的家族，已经是非常丰富了。除了电风扇、排气扇、暖风机、鼓风机之外，还有果园和茶圃的防霜用换气扇，培养香菇用的调温换气扇，家禽养殖业的棚舍换气调温系统……

只做风的生意，创新为松下公司带来了无数的辉煌。

60万年以前，人类就开始创新的历程。人们首先发现了火，用它照明，接着又用来取暖，然后，人类就在考虑如何将火用于煮食、燃烧和爆炸。人类一直就在不断地改进旧有的发现和发明，以便能够进行新的发现和发明。

生活中，思考创新更是不可缺少的。以求职为例，如果不采取有新意的方法，只是以传统的方法进行投递简历，或者其他的一些比较普通的求职方法，那么在众多的求职者中，你就很难脱颖而出。同时在选择工作的广度上，如果认为只有一种职业符合自己，这种思维肯定是错误的，因为它本来就缺少创意，仅仅是一种不愿努力改变自身被动状态的懒惰心理而已。

工作唯有创新才能使人生更丰富更美好。这就是说，现代人试图改变人生的方法就是把智慧用在工作的创新中，以不同的工作挑战自我，就是最大的创新!

而创新需要通过思考才能实现。青年人，应该开动大脑思考自己的未来，才会有所突破。你的职业、人生才会多姿多彩，才会避免烦恼。

特别是在碰到“人生瓶颈”的时候，更应该利用创新打开出路。“人生瓶颈”是指一个人遇到的“关卡”——上不能上，下不能下，进不能进，退不能退。怎么办？唯有创新才是出路。

很多人不敢创新、或者说不愿意创新、是因为他们头脑中关于得、失、是、非、安全、冒险等价值判断的标准已经固定，这使他们常常不能换一个角度想问题。

小李是一家大公司的主管，然而他却面临一个两难的境地，一方面是他非常喜欢的工作以及跟随工作而来的丰厚薪水——他的位置使他的薪水有只增不减的特点。

然而，另一方面，他非常讨厌他的老板，因为他的老板总是不能听取别人的一点建议，他对他这种刚愎自用的态度已经忍无可忍，在经过慎重思考之后，他决定去猎头公司重新谋一个别的公司高级主管的职位。猎头公司告诉他，以他的条件，再找一个类似的职位并不费劲。

回到家中，小李把这一切告诉了他的妻子。他的妻子是一个教师，那天刚刚教学生重新界定问题，也就是把你正在面对的问题换一个面考虑，把正在面对的问题完全颠倒过来看——不仅要跟你以往看这问题的角度不同，也要和其他人看这问题的角度不同。她把上课的内容讲给了麦克听，这给了麦克以启发，一个大胆的创意在他脑中浮现。

第二天，他又来到猎头公司，这次他请公司替他的老板找工作。不久，他的老板接到了猎头公司打来的电话，请他去别的公司高就。尽管他完全不知道这是他的下属和猎头公司共同努力的结果，但正好这位老板对于自己现在的工作也厌倦了，所以没有考虑多久，他就接受了这份新工作。

这件事最美妙的地方，就在于老板接受了新的工作，结果他目前的位置就空出来了，小李申请了这个位置，于是他就坐上了以前他老板的位置。

在这个故事中，小李本意是想替自己找个工作，以躲开令自己讨厌的老板。但他的太太教他换一面想问题，就是替他的老板而不是他自己找一份新的工作，结果，他不仅仍然干着自己喜欢的工作，而且摆脱了令自己烦心的老板，还得到了意外的升迁。

其实许多最有创意的解决方法都是来自于换一面想问题，在对待同一件事时，从相反的方面来解决问题，甚至于最尖端的科学发明也是如此。所以爱因斯坦说："把一个旧的问题从新的角度来看是需要创意的想象力，这成就了科学上真正的进步。"

其实我们常常可以在日常生活中训练自己换一面想问题。比如说，一个年轻的妈妈想对刚买的婴儿床做一下改造，使它能和自己的大床并在一起，这样就可以省去夜里的担心和麻烦。结果，在她想拆除小床的护栏时遇到了麻烦。她想按照床的设计，保留一个可以上下伸缩的护栏，而拆除那个固定的护栏，可是那个固定的护栏还起着床的支撑作用，一拆掉，整个床就散了，这件事只好不了了之，直到有一天，站到床的另一面，这位妈妈才突然发现，由于小床和大床并在了一起，所以有没有护栏都是一样的，而这个护栏因为在设计时并不起支撑作用拆了以后，小床依然牢固，这个问题就得以解决了。如果她不换一面，她可能总也看不到这一点，而使自己陷入烦恼。

所以说，在你的工作中开始学会创新吧，不要总是固守一种做事的方法，打开你思维的大门，让更多的创意如星星般点缀在你的职场生涯中，无论如何你的创新思维都将获得丰厚的回报。

第四章

信任真实的自己

如果你能够使别人乐意和你合作，不论做任何事情，你都可以无往不胜。

——威廉·詹姆士

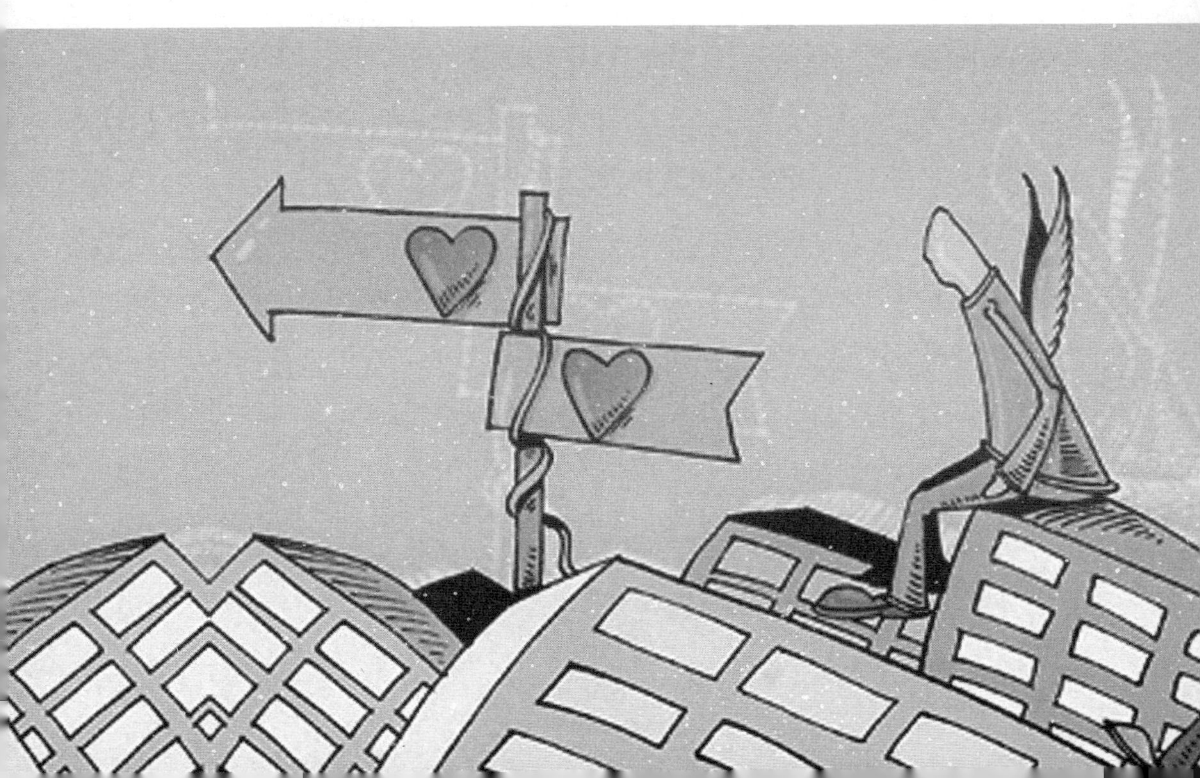

你无法独自成功

俗话说：三个臭皮匠，顶上一个诸葛亮。每一个人的个体力量都是有限的，不管他是伟人还是平常百姓。古往今来，那些想成大事者如果想用个人有限的能力创造出惊世伟业，必须善用众人的智慧和力量。的确，合作是人类不可或缺的生存方式，在社会分工越来越细的情况下尤其如此。

我们周围有很多人，他们经常被工作中的问题弄得焦头烂额。其实，有时问题完全没有他们想象的那么复杂，之所以他们觉得很难，是由于在他们的头脑深处只想到依靠自己的才华和能力去解决这些问题，而不善于去获取他人的帮助。有的人甚至过于表现自己，把本来可以帮助自己的人赶走了。

三国时期，群雄并起，逐鹿中原。开始的时候，袁术、董卓等人也曾形成割据一方的强大势力，但是最终因为他们心胸狭窄、嫉贤妒能，很快就灭亡了。而曹操、刘备、孙权却“招贤纳士，善于用人”，最终脱颖而出，奠定了三国鼎立的局面。

在植物世界当中，世界上最雄伟的当数美国加州的红杉了。它的高度大约为90米，相当于30层楼房那么高。一般来讲，越是高大的植物，它的根应该扎得越深。但是，红杉的根只是浅浅地浮在地表而已。通常根扎得不深的高大植物是非常脆弱的，只要一阵大风，就可能把它们连根拔起，更何况红杉这么高大的植物呢？后来人们研究发现，红杉不是独自长在一处的，它们总是长成一片一片的红杉林。

“事实上，我们全都是些集体性的人物。就算是最伟大的天才，如果单凭所持有的内在自我去对付一切，也决不会有多大成就。可是许多本来高明的人却不懂得这个道理。”思想家、作家歌德如是说。

有一个人被带去参观天堂和地狱，他先去看了魔鬼掌管的地狱。眼前的景象和传说中的大相径庭，他发现地狱中摆着一口煮食的大锅，人们都围坐在锅的周围，但个个都苦着脸。他又仔细的观察，发现每个人手上都绑着一只4尺长的勺子，那长长的勺柄使他们无法将锅里的食物送到自己嘴里，所以大家都只得眼睁睁地守着可口的食物而忍受饥饿的折磨。

上帝又带着这个人走进了天堂。天堂的景象和地狱一样，也是有一口煮食的大锅，锅周围也坐满了人，每个人手上也同样都绑着一只4尺长的勺子。然而，天堂里的居民却个个满脸红光，精神焕发，十分愉快。原来，这里的每个人都是用勺子从锅里盛出食物，喂给对面的人吃，同时也被对面的人所喂。因为大家都能够互相帮助，结果也使自己吃到了可口的食物。

这个故事的道理很简单，如果我们肯帮助其他人获得了他们所需要的东西，我们也会因此得到自己想要的东西。我们帮助别人的越多，我们所得到的也就越多。天堂和地狱最大的区别就在于能不能、会不会、愿不愿与别人合作。

在我们的工作中，无论你是一位普通的员工或者是一位部门主管，你的工作都不是完全独立的，总会和别人的工作有着千丝万缕的联系，你必须要懂得："你无法独自成功。"因此，你必须要学会与周围的同事协作配合。只有在他们的协作努力下，你才能更快地达成你的目标。为了使你的工作更好、更顺利地完成，你需要别人。同样，别人也需要你。

成功学家告诉我们，要提高自身的实力，最好的办法就是帮助他人成功。他人一旦成功了，肯定也不会忘记你对他的好，这样你就会获得更多的成功机会。

英俊潇洒的Mike是一位天赋很高的青年演员。但他毕竟刚刚在电视上崭露头角，现在的他极需要有人为他包装和宣传，以扩大他的知名度。不过，如果这些事情全部由他一个人来实施的话，势必需要一大笔开销，这对年轻的Mike来讲是承受不起的。

一次偶然的机会，Mike遇上了纽约一家公关公司的业务经理Susan。两人一拍即合，Mike成为了她们公司产品的代言人，而她的公司则为他提供宣传所需要的经费。一段时间过后，他们的合作达到了最佳境界，Mike不仅不必为提升自己的知名度花费大笔的金钱，而且随着名声的传播，也使得他在业务活动中处于一种更有利的地位。Susan自己也出名了，很快为一些有名望的人提供社交娱乐服务，她也因此获得很高的报酬。

Mike和Susan都取得了自己事业的成功，而且他们的合作更是取得了双赢的结果，通过合作，他们互相满足了对方的需要，同时也得到了自己想要的结果。

在我们的工作和生活中，即使你拥有很强的能力，你也不可能面面俱到，一个人的能量永远是有限的。所以，我们要善于与人合作，取人之长，补己之短，要经常运用这种合作的技巧，以让我们的工作生活变得更轻松、愉快。合作本身就具有无限的潜力，因为它集结的是大家的智慧和力量。也唯有如此，才能在合作中间互惠互利，从而使你自己的竞争资本得到提高。

在合作中寻找快乐

合作是一种能力，更是一种艺术。唯有善于与人合作，才能获得更大的力量，争取更大的成功。

某公司要招聘一个营销总监，报名的人很多，经过层层考试，最后只剩下三个人竞争这个职位。为了测验谁最适合这个职位，公司出了一道莫名其妙的题目：请三名竞争者到果园里摘水果。

三位竞争者一个身手敏捷，一个个子高大，还有一个身材矮小。看来，前面两个最有可能成功，但结果恰好相反，最后获胜的竟然是那个矮个子。这是为什么呢？

原来，这次考试是经过精心设计的，竞争者要摘的水果都在很高的位置上，很多都长在树梢。个子高的人，尽管一伸手就能摘到一些果子，但数量毕竟有限。身手敏捷的人，尽管可以爬到树上去，但是树梢的一部分，他就够不着了。而个子矮小的应聘者在刚进果园时，就很热情地和果园的园丁打了招呼，并且谦虚地请教园丁他该怎样摘这些树梢上的水果，园丁说他有梯子。于是，他提出借梯子，面对这个谦逊有礼的年轻人，园丁十分爽快地答应了他的请求。有了梯子的帮助，摘起水果来自然不在话下。因此，他赢得了最后的胜利，获得了总监的职位。

这道题目考查的就是通过对他人的关心和支持，赢得别人帮助和协作的能力!

在工作中，那些乐于助人、广结善缘的人，往往具有较强的亲和力，他们工作起来左右逢源、得心应手。相反，那些虽然自恃个人素质不错、优点长处很多的人，却不能很好地处理与同事之间的关系。以致在他们需要合作的时候却得不到他人有力的援手。实践已经证明，一些人之所以在他们的工作中感到吃力、乏味，主要是因为他们无法与他人和睦相处、坦诚合作。

一个人的力量毕竟是有限的，那些看似强大的力量其实都是由点滴的个人力量聚集而成的。所以，如果想要取得成功，你就必须要拥有一个良好的人际圈子，你必须要清楚地知道，要完成事业的辉煌，仅凭你一个人的力量是很难做到的。假使在你的前进道路上，你能够随时随地得到他人有益的帮助，那么你成功的机会就会多得多，也只有团结他人，你手中的力量才会更强大。良好的人际关系在我们的生活中真的很重要，但是，人际圈子并不是自然而然生长起来的，它是需要你来培养的。你只有用真诚和爱心才能巩固起你的人际关系。

良好的人际关系，对于合作具有积极的促进作用。在合作过程中，我们必须要意识到，其实每个人对待合作事宜都会有自己的原则和底线，比如起码要能做到利己不损人，最好能利己又利人，绝不能损人不利己，也就是说合作的最高境界是要尽力争取双赢的结局。那些不遵守游戏规则，耍小聪明，总想占对方便宜的人最终只能自食其果。

从前有一座庙，庙里住着七个僧人，他们每天早晨的早点就是一大桶米粥。可是，七个人分食一桶粥，分量明显是不够的。一开始，他们决定轮流分粥，每人轮一天。按照这样的方法，每周下来，每人都可以在自己分粥的那天吃得饱饱的。后来，他们又推选出一个道德高尚的师兄来分粥。大家为了能够多分一些，就都挖空心思去讨好他、贿赂他。过了些日子，大家觉得这个办法也不好，经过讨论，他们决定还是恢复原来的办法：轮流分粥制度，但分粥的那个人要等到其他人都挑选完之后，再吃那最后剩下的一碗。这样，每个分粥的人为了不让自己吃到最少的粥，在他们分粥的那一天都尽量做到分得平均。于是，师兄弟之间又恢复了往日的和气，日子也过得越来越快乐。

庙还是那座庙，师兄弟七人面对的还是那一桶分量不是很足的粥，但在不同的分配制度下，就会有不同的风气。所以，在合作中必须要有一定的规范来约束每个人，这样才能保护那些积极的合作者，从而消除那些浑水摸鱼、不劳而获的侥幸心理。那么在人际关系中，怎样做才能让别人愿意与你合作呢？

善于交流。同在一个公司工作，你与同事之间在对待和处理工作时肯定会存在某些差别，你要经常说这样一句话：“你看这事怎么办，我想听听你的想法。”这样，会有更多的同事愿意伸出援助之手。

平等友善。在公司里，即使你各方面的表现都很优秀，即使你的老板也似乎对你另眼相看，但你也不要显得太张狂。切记：你不可能独自完成一切工作。

积极乐观。工作中，即使是遇上了十分麻烦的事，也要保持乐观的情绪，要对你的伙伴们说："我们是最优秀的，肯定可以把这件事解决好。"

接受批评。你要把你的同事和伙伴当成你的朋友，坦然接受他的批评。一个对批评暴跳如雷的人，每个人都会敬而远之的。

人和万事兴，团结就是力量。如果人心所向、众志成城，那就能以最小的代价获取最大的成功。

同事相处的礼仪

同事，是与你一起工作的人。即使你不加班，一天也有8个小时和同事在一起。所以，你与同事相处得如何，将直接关系到你的工作、事业的进步与发展。如果你与同事之间关系融洽、和谐，你就会感到心情愉悦，这将有利于你工作的顺利开展，从而促进事业的发展。反之，如果同事关系紧张，相互拆台，经常发生摩擦，就会使你正常的工作和生活受到影响，阻碍你事业的正常发展。所以，身处职场中的你不单单要对工作努力，同时也要注意人际关系的融洽。

身处办公室里，同事每天朝夕相处，谈话可能涉及到工作以外的各种事情，“讲错话”常常会给你带来不必要的麻烦。西方有位哲人说过：“世间有一种成就可以使人很快完成伟业，并获得世人的认识，那就是讲话令人喜悦的能力”。所以，同事与同事间的谈话，如何掌握分寸就成了人际沟通中不可忽视的一环。

与同事交往，总的来说要做到庄重、文明、大方、得体。这些礼仪，是建立和谐的同事关系时不可忽视的重要因素。具体来说，要注意以下几个方面：

1. 积极热情，精神饱满

每天都应让自己精神饱满地踏入公司大门。若面带微笑地主动与同事、上司打招呼，把自己焕发的精神传达、感染给周围的人，你此时的自信心定会增加好几倍。一个被认为充满朝气、干劲十足的人，一定是一个懂得随时跟人打招呼的人。

2. 尊重同事

相互尊重，是处理好任何一种人际关系的基础，同事关系当然也不例外。同事关系是以工作为纽带的，尊重你的同事是处理好同事之间关系的重要因素。

3. 不在背后议论同事的隐私

隐私，与个人的名誉密切相关，我们每个人都有隐私，知道的不要说，不知道的不要问，因为这是于你无益而对他人有损的事情。那些在背后议论他人隐私的人，不但会损害他人的名誉，还会引起双方关系的紧张甚至恶化。因而，这绝对是一种不光彩的、有害的行为。

4. 对同事的困难表示关心

同事的困难，你应主动问讯，对力所能及的应尽力帮忙。这样，不但会增进双方之间的感情，而且还会使同事之间的关系更加融洽。

5. 物质上的往来应一清二楚

同事之间朝夕相处，钱、物或相互馈赠礼品等物质上的往来相应也会频繁一些。切忌千万不要认为这是很小的事情而不放在心上，你必须要刻意把每一项都记得清楚明白，并提醒自己及时归还。你必须要意识到：在物质利益方面无论是有意或者无意地占对方的便宜，都会在对方的心理上引起不快，从而使自己的人格在对方的心目中降低。

6. 对自己的失误或同事间的误会，应主动道歉说明

同事之间相处，一时的失误在所难免。如果出现失误，应主动向对方道歉，求得对方的谅解。对双方的误会应主动向对方说明，不可小肚鸡肠，耿耿于怀。

7. 与异性同事相处要把握分寸

在公司里和异性相处时，行为举止要注意把握好分寸。如果你们是要好的同事当然可以多些交流，但最好不要随便谈及自己的私生活。特别是在婚姻上的不如意，对异性同事更不宜过多倾诉，否则会被对方认为你有移情的想法，甚至会被看做是向她（他）求欢的暗示。

即使是极为默契的异性同事，也只应当在工作上更好地配合，多给对方提出良好的建议，而在交往中不要“亲密无间”。如果你是男性，当女同事在场时，不能把松了的皮带再扣紧，或者把衬衣塞入裤子中，否则会引起误会，也会使女性产生不愉快。女性也不能做一些挑逗性动作，尤其是体姿语。比如，在男性面前梳玩头发，触摸男性的衣服，用头发垂打男人的面颊等。这些小动作尽管无意，但其结果却往往会被误认为是给对方发出某种信号，导致误会。

8. 大声说出你的私心来

大多数的人，包括你自己，都会以自我为中心。这也不是件坏事，这使得我们可以保护自己。不要假设没人知道你的私心，把对你来说是最重要的事说出来，同样问问别人什么对他们来说是最重要的，这会给你们的沟通打下良好的基础。

9. 提高你的听力技巧

好多人认为他们的听力很好，但事实是大多数的人根本就没听——他们只是说，然后想下一步该说什么。倾听意味着提出好的问题，排除杂念，比如：下一步该说什么、下一个该见谁、外面怎么了之类的。如果有人话里带刺，经常是因为他的心里隐藏着恐惧，他想要你做的只是真实、友好地交谈。

在这世界上，“只有不说的事，没有说不清的事”。同事之间为了有效地进行沟通，最为可行的态度就是“请协助我从你的观点来看这个问题”，最应该采取的行为就是“倾听以了解他人，倾诉而被人了解”。也就是说，这种沟通要从双方的共同点开始切入话题，再慢慢进入分歧问题的探讨。只有了解同事的沟通倾向后，我们才能最大可能地与其接近，再通过一系列的自我调整，一定能够创造出同事之间更为和谐且默契的工作环境。

建立和谐的同事关系

俗语说："一个好汉三个帮""在家靠父母，出门靠朋友""朋友多了路好走，多个朋友多条路"。这样的处世原则一向被咱中国老百姓所普遍认同。然而，在现代的白领职场中，这些处世箴言却似乎都已经"行不通"了。

工作中，我们经常听到有人抱怨，同事关系太复杂，太难相处了，还有人在论坛上发帖子求助别人，到底怎样和同事相处才能更加和谐呢？

日前网上一项最新调查显示，在北京的金领群体中，有大约近三成的人坦言承认自己在职场中没有真正意义上的朋友，并且他们也没有想过要跟同事成为朋友。在他们看来，职场如战场，同事在一定意义上讲就是自己潜在的竞争对手。假使跟同事做朋友，那就仿佛是在自己的身边埋下一颗定时炸弹一样，因为你如果觉得对方是朋友，那么你很有可能会在这个"朋友"面前丝毫不做掩饰，展示你的"天然本色"，那么还有谁比他（她）更了解你的缺点呢？这样的后果无疑是让人感到不寒而栗的。

事实真的如此么？同事之间真的就不能成为朋友吗？

恰恰相反，虽然我们不能否认上述分析具有一定的合理性，但这也不能完全的抹煞掉跟同事成为朋友的必要性。实际上，上班族一天的绝大部分时间都是跟同事在一起，没有多少机会跟同事以外的人结交朋友。这已经是个铁定的事实，相信不会有人提出太多的反对意见。在这样的情况下，如果你身边的同事不能成为你的朋友，那么当你有了烦恼就没有倾诉的对象，你就不能及时倾诉，你的压力也就不能及时排解。如此，日复一日郁结于心，这对你的身体也是极为不利的。

实际上，你的同事跟你一样，他们或许也正怀着和你同样的想法。所以只要你首先用真心换真心的诚挚态度与之相处，你们之间也是能够成为朋友的。当然，同事朋友毕竟还是特定环境下的朋友，与普通意义上的朋友仍有所不同。跟普通朋友相比，同事朋友之间存在的是既合作又竞争的关系，在很多时候还会出现利益上的冲突。因此，处理好与同事朋友之间的关系，融洽同事间的关系更需要一定的技巧。以下几点值得注意：

1. 不要太懒

几个同事在一个办公室工作，每天总会有些杂务，如给饮水机换水这样的小事，你就应该积极去做。特别是如果你的同事年龄比你大，或者是女同事，你不妨要多做一些。懒惰的人是人人厌恶的，如果你从来不换水，可每天都喝，久而久之，人家就不会对你有好感了。勤快一点，对眼里可以看到的活儿多少做一点，你就会发现你得到的更多。

2. 对待分歧，求大同存小异

同事之间由于工作上的事情，引发一些争论是很正常的。与同事有意见分歧时，不要过分争论。如果过分争论，就容易激化矛盾而影响团结。面对问题，特别是在发生分歧时要努力寻找共同点，争取求大同存小异。

3. 保持正确的功利思想

许多同事平时一团和气，然而一遇到利益之争，就嫉妒心发作而在背后互相非议，或说风凉话。这样既不磊落，又于己于人都不利，因此面对功利时一定要时刻保持一颗平常之心。

4. 有事学会求助

不轻易求人，这是对的，因为求人总会给别人带来麻烦。但有时求助别人反而能表明你对所求助人的信赖，这样反而能够融洽相互之间的关系，加深感情。对于求助他人，只要你讲究分寸，不给他人带来额外的负担，在一般情况下还是可以的。

5. 不为同事关系所累

我们提倡在公司中建立良好的人际关系，提倡与同事做朋友，但这并不是要求你非要跟全单位所有同事都做知心朋友，既不可能也没有必要。对于那些彼此之间共同点较多的同事，你可主动接近，与之向知心朋友的方向发展。其他同事，你也不要划为异己，应该努力保持良好的同事关系。

我们常说：沟通带来理解，理解带来合作。当沟通问题不能得到很好解决的时候，你就无法理解对方的意图，从而也就不能进行有效的合作。所以说，建立和谐的同事关系至关重要。当你与同事发生意见分歧，不妨首先这样处理：

1. 后退法。即让自己在发表态度、观点前先克制自己，然后考虑周全再发表，或者索性不发表意见。

2. 忘却法。遗忘掉那些令自己情绪激动的因素，只看事情本质，就事论事。

3. 三问法。“我现在是冲动状态吗？”“会造成恶劣影响吗？”“后果会怎样？”

这样处理，无疑是会对你建立和谐的同事关系大有裨益的。

下篇 精彩生活

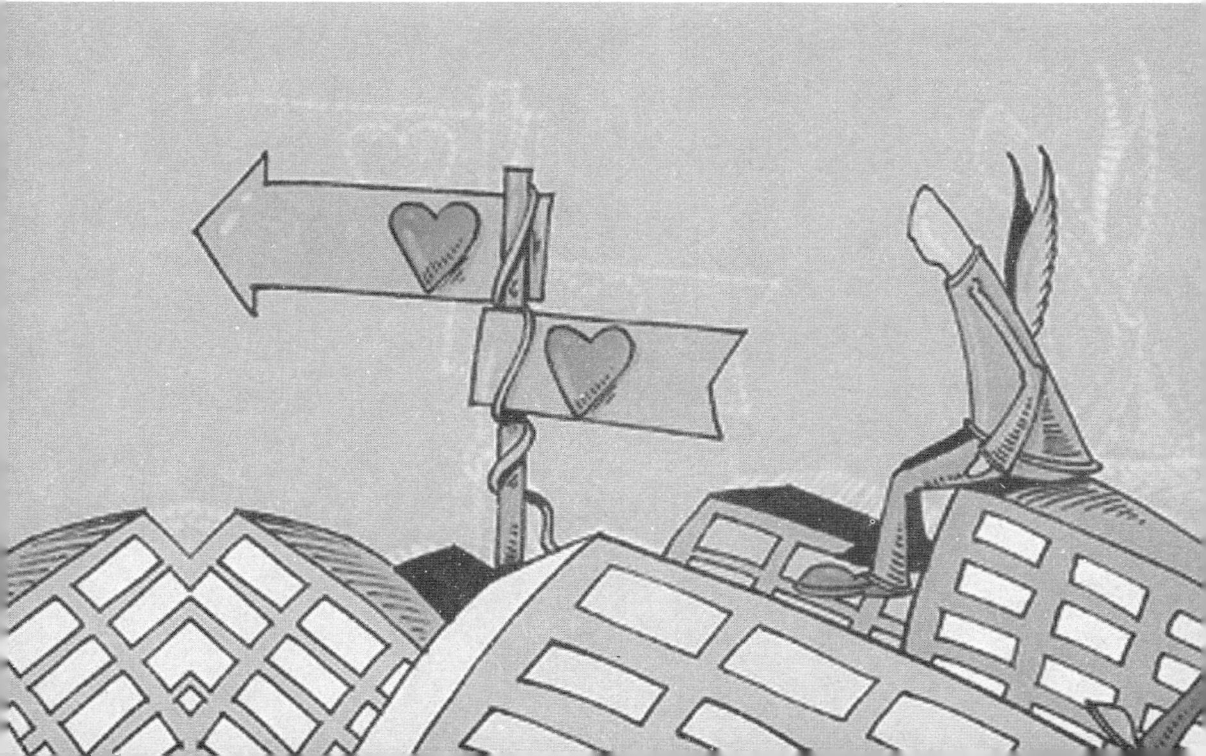

第一章
精彩生活

生活就是一个万花筒，我们置身其中，无论简单还是艰难，我们都得生活。既然无论如何都得生活，所以，我们要不被其迷惑，我们应让自己快乐地生活。

珍惜生命，为生命祝福

李白诗云：“君不见黄河之水天上来，奔流到海不复回”、古乐府中有“百川东入海，何时复西归？”的诗句。这些都说明了生命是不可重复的，对每一个人来说，生命都“只有一次”，生命一旦失去，不可再来！李白也曾这样感慨：“君不见高堂明镜悲白发，朝如青丝暮成雪。”生命只在朝夕之间啊！庄子的认识则更为形象：“人生如白驹过隙，忽然而已。”

生命对我们每个人来说都不是永恒的，随着你呱呱坠地的第一声响亮啼哭，死亡也就跟着你一起降生下来，生命中每一片刻都在朝着死亡移动，所以我们必须要抓住生命的每一个瞬间。贺拉斯告诉我们：“每天都想象这是你最后的一天，你不盼望的明天将越显得可欢恋。”这句话就是让我们珍惜生命，感激生命中的每一天。

珍惜生命，首先要热爱生命。有的人因为失意，抱怨自己出生的这个世界不够温暖；有的人因为羡慕，对自己诞生的环境整天唉声叹气；有的人因为无志，长期以来一直过着猪栏式的生活；有的人因为贪婪，在金钱做成的桎梏中庸俗地度过了一生；有的人干脆拿起匕首和棍棒，在人所不齿的抢劫犯、杀人犯的唾骂声中结束了人生之旅。人啊！对待生命总是如此草率，你究竟认识到“生命只有一次”没有?

生物学家达尔文，在进行了几年的航海考察活动之后，身体变得十分虚弱，但他还是用仅存的时间完成了生物学巨著《进化论》，给后人留下了宝贵的精神财富。世界闻名的女科学家，曾经两次获得诺贝尔奖的居里夫人，在遭遇丈夫不幸逝世、自己的肺病也越加严重的双重打击下，仍然坚持化学研究，最终再一次取得了成功，她的这种勇于战胜困难的精神本身就是珍惜生命的表现。由此可见，珍惜生命是每一个成功人士必备的精神。

在我的记忆深处永远也难以忘却中国残疾人艺术团的那次演出：当紫红色的幕布徐徐拉起，当数十个无腿的青年男女手摇着轮椅，在高亢激昂的旋律中“冲”上舞台，当5位只有一条腿的男青年单手拄拐在红地毯上翩然起舞……那一刻，我落泪了，我被震撼了，那些残疾演员以那么昂扬的精神状态，那么刚健有力的舞姿告诉我们：什么是坚强，什么是生命的可贵。

在我们的身边，这样的鲜活事例并不少见。大家都知道的张海迪，她自幼便失去了自胸部起下半身的知觉，但就是在这种情况下，她仍然以坚强的意志与病魔抗争，取得了健全人都很难取得的博士学位，她的精神支柱就是保尔·柯察金珍惜生命的伟大精神。

谈到珍惜生命，就不能不谈及死亡。孔子曰：“不知生，焉知死？”生与死是一对孪生兄弟。不管什么人，只要去过火葬场，他的灵魂就一定会经受一次生死观的洗礼：千古归一死，圣贤无奈何。由

此可见，在我们的工作和生活中，珍惜和爱惜生命是何其的崇高。

爷爷带给小明一个装满泥土的小纸杯，并笑呵呵地叮嘱他说，只要坚持每天往杯子里面倒一点水，过一阵子就会有特别的事情发生。小明对此充满了好奇，他便天天坚持下来。直到一天早晨，他发现原本只有泥土的杯子里面，出现了两片小小的绿叶。小明兴奋极了，他迫不及待地告诉爷爷。当然，爷爷一点也没有吃惊。他平静地告诉小明，其实生命是无所不在的，甚至藏身于最平凡、最不可能的角落里。

是的，在平淡如水的生活中，我们每个人都不一定都像那些伟人一样做出一些惊天动地的大事来，但生命对于我们来讲同样是珍贵的。我们应皆尽所能地用有限的生命为社会、为需要我们帮助的人做一些事。像帮助照顾孤寡老人，帮助残疾人和看望并安慰医院中的病人等，这些都是我们珍惜生命的表现。也只有这样，在不久的将来，当我们回忆往事的时候，才会不为虚度年华而悔恨，不因碌碌无为而羞耻。“莫等闲，白了少年头，空悲切。”为你周围的生命祝福，为你内心的生命祝福，当你记住祝福生命时，这个世界甚至会因你而改变。所以，让我们珍惜生命，用我们渺小的生命去塑造伟大的生活！

善待自己，快乐生活

人生苦短，至多百十余年，若中途有什么意外，恐怕还活不到那么久，然而这中间又有多少人是真正为自己活着的呢？又有多少人“拨开云雾”真正找到了自我呢？看看现实中的芸芸众生吧，他们为了向上爬而绞尽脑汁，为了挣大钱而煞费心血。其实，他们就是不明白这样一个道理：与其说你赚了大钱、拥有了名誉，倒不如说你被金钱名誉所赚，因为钱赚走了你的青春、时间、体力和生命。

人们常说，时间就是财富，那生命又何尝不是呢？甚至可以说生命是世界上最可宝贵的财富，因为所有的财富都可以失而复得，唯有生命对于我们都只有一次。“天下熙熙，皆为利来；天下攘攘，皆为利往。”追名逐利的人们又能有几个真正意识到了这一点呢？他们依旧宁愿用生命换取那些所谓的财富，他们甚至把全部生命都耗费在名望、权利或金钱的追逐中。直到他们临终时才会如此悔恨：“我只是使用了生命，而不曾珍惜生命、享受生命。”

珍惜生命，更加真诚地对待生命。有一个盲人说：“只要给我一天光明，我就把生命缩成一天的时间。”他要把所有盲人做不到的事

情一天做完，但是这一天的光明在现实中也没有；雷锋同志说："在回首往事的时候，不因碌碌无为而羞耻，不因虚度年华而悔恨"，他把生命中所有的旅程都安排在最广泛的为人民服务中去，他的生命因而充满了充实和成就感；一位得了癌症的患者说"我再也没有第二次戒烟的机会了"，他后悔自己在健康的时候没有把不良嗜好戒掉，让生命能够在后来的日子里很好地延续。

生命对于我们每一个人来说只有一次，而生命一旦来到这个世界上，便负有严肃的使命，要真实地活着，且活得尽可能得精彩。古代行船的人有这样一句话"船板下面是地狱。"只是一板之隔，生死两重天，由此可知生命的脆弱，随时随地都有遭受灾难的可能。我们若有这种觉悟，心中存着"现在是生命的最后一刻"，无论遇到任何情况也不会惊慌失措。那么，我们究竟该如何对待我们的生命呢？

生命是宝贵的，生命又是残忍的。多年前，日本著名的当红作家三岛纪夫和川端康成都先后自杀了。他们踏上不归路的方式也绝对是震撼和惨烈的，一个是切腹，一个是含煤气管。台湾女作家三毛，也在医院病房里用丝袜结束了自己的生命。一个个鲜活的生命匆匆逝去，在原本是很风光和精力旺盛地展开着自己人生的时候遽然消失。

那么，究竟是什么原因使他们最终作出这样的选择呢？是家庭原因么？可是调查发现他们的家庭都是很和睦幸福的；是事业上的原因么？显然更不是，他们此时的创作事业可谓如日中天。最终，许多心理学家终于揭开了其中的谜团，他们分析，这些人之所以毅然决然地选择了死亡，可能是他们唯恐自己以后身体及创作能力衰退被人淡忘，从而企图在生命的巅峰时刻陨落，以保存给世人最完美的印象。

其实，这些人明明实现了自身的价值，却又迷惘自身的价值。楚辞体的辉煌抹不去汨罗江畔的哀怨；向日葵的一抹金黄抹不掉枪响后灵魂被锯割时疼痛的煎熬；诗坛上的中国童话抹不去魂断激流岛的悲剧；法国的《羊脂球》抹不去喉管割破时的血腥味；俄国诗人叶赛宁，他的死也很艺术的——他割开自己的血管，以笔蘸着流下来的血，写他最后的一首诗，直到血尽人亡；从美国的普拉斯、杰克·伦敦、海明威，到苏联的马雅可夫斯基、法捷耶夫，还有中国的海子、戈麦、徐迟等。这些人中之龙凤最终都选择了自杀来谢绝人世，或许只有田汉说过的那句话可以解释其中的原委吧："艺术家不妨生得丑，但不可死得不美！"

敢死，固然需要勇敢的精神，但是敢活却比敢死更为可贵。因为生命本来就是脆弱的，但脆弱的生命一旦勇敢地承担起使命和苦难，才更显出一种尊严。佛说："命在呼吸间。"人无法管住自己的生命，更无人能挡住死期。《涅槃经》说："人命之不息，过于山水。今日虽存而明日难知。"这就是说，人类生命流逝的速度比滔滔而下的山溪更为迅速，转眼之间就消逝了。今天虽平安，可谁也无法保证明日的安定。《摩耶经》中谈到，人生的旅程就是"步步近死地"。一天天、一步步接近死亡，这就是人生的真相。既然生命如此无常，我们就更没有理由不去好好地珍惜它、利用它、充实它，让这无常宝贵的生命散发出真善美的光辉，映照出生命的真正价值。

人为什么而活？爱因斯坦说过："只有为别人活着才是有价值的。"是的，生命是一种承诺，生命是一个过程，生命也是一种目的。台湾一位女作家曾说过这么一句话：人活着的时候总该好好活着，不为自己，而为那些爱你的人！因为死亡留下来的悲哀不属于自己，而属于那些还活着还深爱着你的人！所以活着，真的不是一件容易的事。

然而人不可能永远都活着，正是因为生命之短暂，才欲显其珍贵。我们更应该在这短暂而又珍贵的生命里，善待生命，好好活着，抓住生命中的每一个精彩瞬间。

简单生活就是享受生活

人最重要的是好好活着，每时每刻都感觉心灵的快乐，并对自身意义给予综合评价和总体肯定，热烈地拥抱生命中每一次晨曦与每一次日暮，自然随意地品读眼前每一分每一秒的感动，带上一缕馨香一丝慰藉，享受最淳朴的清净与和谐。你只要拥有了享受生活的能力，也就收获了快乐的人生。

这里，简单应该成为我们每一个人生活的准则。因为在人生道路上，唯有奉行简单的准则，才有可能避免误入阻碍我们成熟的岔路，陷入歧途。你一旦奉行了简单的准则，就会摆脱心灵受到污染，摆脱使你的生活变得错综复杂的恼怒。

时下，无论是人际关系、社会结构或家庭关系，都同样有着复杂化的趋势。然而，人们又不约而同地用一种简化的公式来处理这些关系。所以用“简单”的态度来处理事务，不仅能得到事半功倍的效果，同时也能将生活带入一种节奏明快的韵律之中。将复杂的事情简单化，那就是智慧。将简单的事情复杂化，那才是愚蠢。

《唐·吉诃德》里有这样一个小故事：在一次酒席上，桑丘问他的表弟，世界上第一个翻跟头的是谁？表弟皱着眉头想了半天，最终没有回答上来。他便对他的桑丘表哥说，等他回书房考证一番在给他答案吧。于是兄弟二人又开始痛饮起来。过了一会儿，桑丘对表弟说，刚刚的那个问题，现在已经有答案了：世界上第一个会翻跟斗的是魔鬼，因为他从天上摔下来，就一直翻着跟斗，掉进了地狱。读到这个故事，你或许会忍俊不禁，原因是桑丘的回答非常简单，但这个回答也包含着一种极其朴素的智慧。桑丘的表弟却在面对如此的问题时也要钻进书堆进行考证，即使他能够得出结论，也往往既不能增长见识，也不能增添常识。

生活、工作中的很多事情都很简单，大可不必费九牛二虎之力去伤透脑筋，人生、爱情、理想也是如此。生存在这个竞争激烈的时代，信仰匮乏袭击着一些心灵苍白的人，危机和压力削弱了许多懦夫的意志。其实，世上没有十全十美的事物，如果你认为这个世界对你不公平，请不要抱怨。苦难可以毁灭一个人，也可以锻造一个人。可见世界上没有复杂的事物，只有复杂的心灵。这就像一棵树，细看来是许多的枝，再看是无数的叶，再看，是数不清的细胞。其实，它只是一棵树而已。

简单是一种积极、乐观、向上的生活态度，简单就是要学会舍弃，简单是一种速度。抛开所有的一切束缚，三下五去二地去做吧！生活其实就是这么简单。

简单生活，享受生活，认真对待每一天中点点滴滴的小事。在人的潜意识里都有着展示自己的欲望，可是生命的底蕴和玄机，不但他人无法彻底了解，就是自己也未必真正熟悉和把握，倘使内心世界多一些上善若水的源泉和动力，更多的赏心悦目就会进入我们的视野，愉悦我们灰色的天空和暗淡的心灵。花开时，敞开双臂感受春的温暖，不要拒绝蜂蝶的吸吮和顽童的采摘；花落时，别在意风采的流逝和路人无情的眼神。即使只能做一片绿叶，也要舒心地成长，默默地进行光合作用，悄悄地把氧气释放人间，在润养自己的同时供应万物的营养。因为你为他人付出的越多，你的内心就越富足，生活也就越坦荡而充实。

要懂得生活，才能享受生活！能否享受生活又很大程度上取决于一个人的心态。有两个人，同时朝窗外望去，他们看到的东西截然不同，前者看到的是满地泥泞、残花败柳的一片萧条景象！后者看到的是天空白云朵朵，树上快乐的鸟儿飞来飞去。在生活的道路上，前者一遇到挫折总是自卑、悲观和消极，结果一无所成！后者则采取积极乐观的心态迎接一切，最后走向成功！

生命，是一个奇迹，每个生命都是独一无二的，我们没有理由不接纳自己。虽然我们拥有的不多，没有凭栏长啸的狂妄自大，没有风云江湖的沾沾自喜，但是我们拥有一种积极向上的情绪，我们保持一份平和达观的心态，我们像欣赏一幅风景画一样聆听姹紫嫣红浓淡迥异的人生乐章，我们用心体会每一个细节每一个瞬间流溢的快乐年华，这就足够了。

知足才能常乐

常言道，知足者常乐。为什么这样说呢？

因为幸福没有止境，也没有标准，只是看你对它的认识如何，及看你对它怎样解释而已。

就像这样一只馋嘴的狐狸，它发现了一座葡萄园，便很想过去吃个饱，可是发现园子四周全围着篱笆，中间只有一个很小的洞口，它根本钻不进去。于是，它让自己饿了三天，终于可以很轻松地就从那个小洞中钻进了葡萄园。狐狸大吃特吃，过了几天，它不再想吃葡萄了，于是它来到那个小洞前，却发现自己变得太胖了，已经不能从那个小洞中钻出去了。没办法，狐狸又把自己饿了三天，才钻出了葡萄园。馋嘴的狐狸已经尽情享用过甜美的果实，但是他却太过贪心，最终也就只能瘪着肚子离开，这完全是因为它不懂得知足常乐的道理。所以，太贪心的人是往往享受不到快乐的。只有拥有健康的心态，你的人生才会充满欢乐。

只有那些知道适当满足的人，才能够保持稳定的心态，从而在自己的岗位上有所成就，工作上有了成就，自然会给自己带来快乐。

如：一个人调换了工作，看到自己拿的是全单位最低一等的工资，而一些年纪轻轻的同事却比自己拿的多，这人会怎么想呢？如果他不知足，那他一定不会快乐，工作也不会安心；如果他换个角度想一想，这份工作和自己以前的工作相比，是不是干得更顺手呢？现在的月薪和以前相比，数量是不是增多了呢？当他从这些问题中找到满足，他的心情一定不会差，他的生活也就不乏快乐了。就像面对同一锅肉汤，路瓦栽能高兴得叫出声来，而玛蒂尔德却愁眉苦脸，这就是知足与不知足的不同表现。

知足使人不为外物所役，从而获得真正的快乐。爱因斯坦曾经用一张大面值的支票作书签，结果那本书找不到了。对此事，他只是一笑了之。如果换作葛朗台先生，肯定要捶胸顿足，后悔得要死要活了。如此看来，是不役于外物的人快乐呢，还是把自己的悲欢系于身外之物的人快乐呢？答案当然是前者。

有一个尽人皆知的故事：一个渔夫躺在沙滩上晒太阳，这时富翁走过来问他为什么不工作，他却反问说为什么要工作。富翁说工作以后可以赚大钱，可以买车买房有美女相伴，然后就可以去沙滩度假。渔夫接着又反问："那我现在在干什么？"富翁哑口无言。这就是我们常说的"知足者常乐"。

相比之下，故事中的那个渔夫就要聪明得多。他住最简单的房屋，吃最平淡的饭菜，穿最朴素的衣装，"简简单单也是真"，倒也图个悠闲快乐。富翁倾其所有精力，忙忙碌碌了一生，换来的快乐远不及渔夫享受到的多。渔夫安于现状每天只需打打鱼赚得基本的生活资料便可以享受到平凡的快乐，富翁却为此拼掉了毕生的精力。那么谁更加快乐呢？

欲望是无止境的，就像挂在驴子嘴巴前面的胡萝卜，受到这样的引诱，驴子总是在不断地往前走试图去吃掉它，却永远也吃不到嘴里。

“君子有所为，有所不为。”对于我们个人来说，所谓的知足者常乐，满足于现状，并不一定就代表不思进取。对于事业我们理应孜孜以求，而对于那些名利之事我们大可不必计较。有的人钱多了不知该怎么花，而对于大多的老百姓来说，每一分钱都来之不易。怎么办？“红眼病”是万万要不得的。钱多了还容易招贼惦记呢——你要这样想心态不就平稳了么？你开着私家车确实很神气，我骑自行车上下班确实很累，可我骑车一来安全，二来符合环保要求，更重要的是还锻炼了身体。千金难买好身体，何乐而不为呢？

不过，有时候也要“不知足”才能常乐。对于学习，对于丰富多彩的科学文化知识，对于事业的进取，我们自然应该不知足。伟大的共产主义战士雷锋说过：“在工作上要向水平最高的同志看齐，在生活上要向水平最低的同志看齐。”这句话是对“知足”二字的最好注解。

攀比夺走了你的快乐

日前，在北京某高校的BBS上出现了这样一则顺口溜：“一月六百贫困户，千儿八百刚起步，两三千元是装酷，万儿八千才大户。”看完这则顺口溜，不禁使我们疑惑：现如今的孩子到底怎么了？古人云“静以修身，俭以养德”，为何这些亘古不变的真理似乎在这一代的孩子身上失去了原有的魅力呢？特别是在一些高校内，灯红酒绿，尽情攀比的习气蔚然成风。真不知道那些连饭都吃不饱的人看到了会怎么样，是捶胸顿足还是恨天之不公呢？

在大学校园里，大学生之间的攀比消费，可谓挥金如土，虽然他们一般本身并不赚钱。据某学院一辅导员介绍，衣食住行、谈恋爱基本上占了学生消费的一半以上。有的学生甚至仅“砸”在配手机、穿名牌上的钱就有好几千元。电脑、MP4、手机和数码相机，这“新四大件”基本在大学校园已经普及。

北京某学院外语系女生菲菲就是这样一个追求时尚的女孩，每当她看到同学的时髦时装，她也开始买名牌服装和化妆品，并新配了一部价值不菲的高档手机。在攀比心的驱使下，即使那些原本手头不是

很宽裕的贫困学生自然也不甘落后。来自贫困乡村的小李本身家境困窘，但每次外出应酬，他都出手阔绰，丝毫没有穷孩子的“吝啬”。

《广州日报》载文，一名全家年收入仅2000多元的贫困大学生，由于虚荣心作祟，即使在家人为他能够读书而到处举债时，他却将父母千辛万苦赚来甚至借来的钱任意挥霍，不但高档手机、时髦服饰应有尽有，甚至还要求父母借钱买电脑用来打网游……凡此种种，这些残酷的现实还不能让人感到心酸么？

专家分析，这些高校大学生的高消费在很大程度上是攀比心理作祟。从表面上看，攀比者穿的流行，戴的时髦，吃的好喝的好，可谓“面子十足”。但“天行健，君子以自强不息”、“流自己的汗，吃自己的饭，靠天、靠地、靠祖宗不是真好汉！”也只有那些自强不息的人，才会有一个光明的前途，才会有一片属于自己的蓝天。

那些涉世未深的大学生如此，在社会中有着丰富经验的人们就更应当注意这方面的负面影响了。那些有着攀比心理的人们应尽早改正这种想法，只要人们认识自己，把握自己，避开攀比的习气，理性消费：该用的要用，不该用的坚决不用，那么消费将是科学的消费，而人则是科学消费的人。

关于攀比还有这样的一则寓言故事：讲的是毛驴看到小狗每天只是围绕在主人的身边，便可以得到主人的疼爱，于是他便决定也要模仿小狗一样去讨好主人。一天，主人刚进门，毛驴便欢叫着冲到主人的面前，把蹄子搭在主人的肩膀上，并伸出舌头在主人的脸上舔了几下。主人大惊，飞快地跑开了，并且还拿起皮鞭狠狠地教训了毛驴一顿。毛驴感到非常委屈，它便去向小狗请教：“为什么你这样做会得到主人的欢心，而我这样做却挨了主人的鞭子呢？”小狗笑笑说：“因为主人养你是让你拉磨的，养我是为了解闷的。”

其实，生活中我们都应尽自己的本分，做自己该做的事，大可不必非要攀比个贵贱、分个高低不可。

人们都向往美好的生活，这本无可厚非。但是，面对攀比，我们真的要好好想一想，人和人到底应该比什么？

“不比穿戴比学习，不比文具比志气，不比吃喝比成绩，不比家庭比能力。”这样的铮铮誓言，相信对大家是一种鼓励。

快乐其实很简单

追求快乐，是人的本能。著名作家福楼拜曾经说过：“快乐好似生命的温度计，快乐多，生命中的乐趣也更多。”快乐是一种身心愉悦的状态，快乐是一种心境，快乐无处不在，就看你是不是善于去寻找。一个富人拣到100元钱不会感到快乐，一个叫花子只乞讨到一个馒头，也许会快乐一整天。隐士自得其乐，“采菊东篱下，悠然见南山”。恬淡之人只要一杯茶，一本书，他们就是快乐的。“登山则情满于山，观海则意溢于海。”快乐的人，快乐无处不在。

芸芸众生之中，到底有几成的人能够享受到名菜大餐、香车豪宅之类的物质生活呢？在我们的脑海里，这样的人还会有不快乐的理由么？可是反观那些富商巨贾们却可能连“一个人去公园转转”的快乐也享受不到；两个多年不见的老友，上一壶老酒、两盘小菜，畅所欲言、说古道今，那份快乐丝毫不比品着路易十六、吃着鲍鱼龙虾的富豪们逊色；一个看着金黄的稻谷随风摇曳的农人之喜悦心情，也并不比那些带着深度眼镜盯着福布斯排行榜上自己名字的大老板们差多少。所以说，一个普通人所享受的快乐并不会比一个富人或名人少，因为快乐与财富、地位、名气无丝毫瓜葛。

有这样一支淘金队伍行进在沙漠之中，大家都步伐沉重，痛苦不堪，只有一人快乐轻松地走着，别人好奇地问他："该死的太阳晒得我们皮肤都快裂开了，你为何还如此惬意？"他笑着说："因为我带的东西最少。"原来，快乐就这么简单，抛弃那些多余的东西就可以了。

多年前，英国主流媒体《太阳报》曾以"这个世界谁最快乐"为题，进行过一次有奖征答比赛。从众多的应征来信中评出四个最佳答案：

1. 作品刚刚完成，吹着口哨欣赏自己作品的艺术家；
2. 正在用沙子筑城堡的儿童；
3. 为婴儿洗澡的母亲；
4. 千辛万苦开刀后，终于挽救了危难病人的医生。

从这四个最佳答案来看，基本都包含了：奉献、劳动、爱心、成功这四个基本要素。这也就是说，那些成功人士只有怀着爱心去奉献去劳动，才有可能成为世界上最快乐的人。诚如克鲁普斯卡娅所言："一个人一旦爱上他所从事的事业，他就能从事业的奋斗和成功中获得最大的快乐和满足。"

在每个人的生命深处，都希望自己能天天快乐，月月快乐，年年快乐。孰不知，快乐竟是如此简单，它就在我们眼前，可是我们却不曾发现。快乐，在乎心，如同风景，在乎看它的眼睛！

一个国王命大臣四处为他寻找快乐。一天，大臣遇到一个自称"没有一天不快乐"的农夫，问其原因，农夫说："我曾经因为脚上没有鞋穿而沮丧，直到有一天，在街上看到一个没有脚的人。”大臣顿悟，原来快乐如此简单，快乐就是一种态度啊。就像早上醒来，快乐就在你的脸上，你只需笑容满面地迎接新的一天。到了中午，快乐在你的腰上，你只需要腰杆挺直地活在当下。到了晚上，快乐在你的脚上，你只需脚踏实地地做好自己。

时下，人们整天为名利缠身，快乐何来呢？我们一天天地在名利的漩涡中越陷越深尚不自知。名誉、金钱、权力，我们孜孜以求，并不停地为自己描绘着自以为快乐的宏伟蓝图。这太多的负累使我们每前行一步，都脚印深深、气喘如牛，可我们依然甘心情愿，肩负到底。

一个富翁背着许多金银财宝前去寻找快乐，可踏遍千山万水他仍未与快乐结缘。一日，他颓丧地坐在山路边歇脚，迎面走来一个背着一大捆柴草的樵夫，他们攀谈起来。富翁向樵夫诉说了自己的苦恼，并询问樵夫自己为何没有快乐呢？樵夫放下沉甸甸的柴草，舒心地擦着汗水说：“快乐其实很简单，放下就是快乐呀！”富翁顿时领悟：自己背负着这么多的财宝，每天忧心忡忡的，总是担心被别人打劫或遭别人暗算，又怎么能够快乐得起来呢？

我们常常就是这样追逐着快乐，却又总是放不下自己心中的一切。其实，快乐真的很简单，我们何不在这些平凡的生活中去领悟生活原本的颜色、去寻找那份纯真快乐的超脱呢？快乐是一种生活态度，即使生活于极度的贫困中，但是他们选择的人生态度是快乐；快乐是一种感觉，它无役于外物左右，没有什么可以成为不快乐的理由；快乐是一种情绪，只要心中有快乐的种子，就有了快乐作底蕴，即便是淡淡的忧愁也是一种轻纱拂面的朦胧之美。

快乐地做琐碎的事情

莎士比亚曾这样说过："好与坏无从区别，那是由于每个人的想法使然。"林肯有一次也这样说过："大多数人所获得的快乐，跟他意念所想到的相差不多。"

阿明三兄弟住在一个偏僻的小山村里，日子过得极为清贫而艰苦。一天，大哥让阿明到村子里面的杂货店去买油。家里面实在找不出其他的盛油容器了，大哥只好把一个大碗交给阿明。出发前，大哥再三地告诫他："走路不要分神，要是把碗打破了，今天就不准吃饭。"油买好之后，阿明一想起大哥的警告就更加不敢有丝毫的怠慢，两眼紧盯着那碗，生怕油从里面洒出来了。可是愈想愈紧张，手也开始不听使唤地抖起来了……"哗啦"一声响，碗掉在地上摔得粉碎，油也全部撒光了。大哥虽然很恼火，可除了狠狠地数落了他一顿，还是让他吃饭了。只是阿明自己很沮丧，人也无精打采的。

二哥知道原委后，对阿明说："你再去买一次油。这次你在回来的路上，你多看看路边上的那些山药是否开花了，回来后告诉我。"阿明很快又买好油，在回家的途中，他不时地看着路两边盛开的山药花，红的、绿的、粉的，这些原本常见的东西此刻看来是那样得美啊！不知不觉间他就回到了家，这次碗里的油满满的，一滴也没有洒。

阿明的经历告诉我们，工作和快乐并没有冲突。真正懂得生活的人，是那些善于在工作中寻找人生乐趣的人。

生活中，或许大家都有过类似的经历，那些生活中常见的一些事情因为只是觉得很正常而忽略过去了。殊不知，这些微不足道的小事却隐藏着深刻的道理。那些看似宏伟的事业，也常常是依靠这些实实在在的、微不足道的、一步步的积累，才最终获得成功。

那些成就非凡的大家总是于细微之处用心、于细微之处着力，这样日积月累才取得了惊人的成绩。生活中，有些人常常梦想一举成名，实际上这是根本不可能的。那些真正成大事者，都是善于化整为零，从大处着眼，从小处入手的，他们会用一种积极的心态投入到那些在别人看来似乎琐碎的事情当中去。

在工作和生活当中，我们所做的每一件事情都必定有自己的目标，而达到目标的关键就在于把目标具体化。就像每一块砖瓦尽管显得那么无足轻重，但一座雄伟的建筑物就是由这一砖一瓦砌成的。同样的道理，每一个成功者的人生也是由无数个看上去微不足道的小方面构成的。所以，我们必须时刻提醒自己，你如果想获得成功，就要怀着快乐的心态去做那些看似琐碎的事情。哪怕在别人眼里那只是一份普通的、卑微的工作，你也乐于从事它，也要尽力将它做得更好、更完美。

做自己的主人

发现自我，认识你自己，它不仅是一种对自我的认识或者自我意识的能力，还是一种可贵的心理品质。一个人总要生活在某种环境之中，只有对我们自身有充分的了解，我们才能够经常使自己和所处的环境相适应。

认识自己，不管是在逆境中还是顺境中都很重要。现实生活中，当我们面对困难和挫折时，大部分人能够认识到自身的能力和优势，基于此，他们才能够经过思考分析清楚失败的原因，就地爬起再创辉煌。而另外一部分人，由于对自己的认识是模糊的，所以他们对自己的能力总是持怀疑态度，最终他们大多终将难筹大志。

有一个年轻人，最近一段时间他愈发觉得手头上的工作越来越不适合他了，可是他自己却很难做出决断。于是，他便跑来向柯维咨询。

“那么，你到底想做点什么呢？”柯维问。

“我只想找一份称心如意的工作，改善自己的生活处境。”年轻人干脆地说，“我只是感觉我的生活不应该是现在的这个样子。”

“你感觉什么对你来说是最重要的呢？你的爱好和特长是什么呢？”柯维接着问。

“这一点我从来没有仔细考虑过。”年轻人回答说。

“你理想中的职业是什么呢？”柯维继续问。

“我一时也说不准，我真的不知道我究竟喜欢什么。”年轻人困惑地说，“听了你的话我才感觉到自己确实应该好好考虑一下这些问题了。”

“是啊，你想离开你现在的工作。但是，你不知道你的下一份工作该是什么样子的，你不知道你真正感兴趣的是什么，你也不知道你到底能做什么。”柯维说，“如果你真想做出改变的话，那么，现在是你拿定主意的时候了。”

经过一番谈话，柯维对这个年轻人的情况有了大概的了解。为了进一步了解这个年轻人的情况，柯维还对他进行了能力测试，他发现这个年轻人对自己所具备的才能并不了解。他重点对这个年轻人进行了信心培养的训练。

至此，这个年轻人终于知道了他到底想干什么，他应该怎么去做，他懂得了怎样才能事半功倍，他期待着收获，他也一定能获得成功——因为没有什么困难能挡住他前进的脚步。现在，这位年轻人已经满怀信心地踏上了他人生之路的漫漫征途。许多人之所以在生活中一事无成，最根本的原因在于他们不知道自己到底要做什么。

能够正确地认识自己，是件幸运的事。因为你能正确地认识自己，所以你离成功总是比那些对自己不了解的人近。认识自己，并非是只有那些天才才能拥有的能力，我们周围有许多平凡的人物，他们做自己喜欢的事，活得自在，活得快乐，这也是一种成功。所以当你能认识自己的时候，你的生活也就快乐、幸福了。

从前，德国有一位诗人，写了很多吟风咏月、写景抒情的诗歌。可是他发现人们都不喜欢读他的诗，为此他感到非常苦恼。于是，他便向父亲的一位老朋友——一位老钟表匠请教这个问题。

老钟表匠听后什么也没有说，只是从柜子里拿出一只小盒子，从里面取出一只式样别致的金壳怀表：这只怀表不但式样精美，还能清楚地显示星象的运行、大海的潮汛。诗人爱不释手，立刻就有了拥有它的想法。老人明白了他的心思，微微笑了一下，只是要求诗人用他手上的那只普通手表来交换就可以了。诗人似乎忘却了先前的烦恼，带上这块金怀表就离开了老钟表匠。

诗人对这块表真是珍爱之极，吃饭、走路、睡觉都戴着它。可是，一段时间之后，他渐渐对这块表不满意起来。最后，他决定到老钟表匠那儿要求换回自己的那块手表。老钟表匠故作惊奇，问他为何拥有了世间如此珍异的怀表还感到不满意呢？

诗人遗憾地说："表本来就是用来指示时间的，可是这块怀表却不会指示时间。我带着它却不知道时间，要它还有什么用处呢？有谁会来问我大海的潮汛和星象的运行呢？这表实在是没有什么实际的用处啊！"

老钟表匠还是微微一笑，他拿起了这位诗人的诗集，意味深长地说："年轻人，还是让我们努力干好各自的事业吧！切记：你需要做的是，怎样给别人带来用处。"

诗人听了老钟表匠的话，顿时恍然大悟，从心底里明白了这句话的深刻含义。

其实，正确认识自己并不是一件很容易的事情。人们往往为了认清自己而付出许多的努力和艰辛，但是这些努力和艰辛都是值得的。我们为了达到比较客观地认识自己的目的，还需要把别人对自身的评价与自己对自己的评价进行对比，在实际生活中反复衡量。

认识你自己，读懂你自己，这是成功人生的第一步。我们的前方还有无数的艰难险阻，但是这其中有一个对手，就是你自己。只有那些真正认识了自己的人，才能征服你自己，从而拥有理智和通达的人生观。

走自己的路

“走自己的路”这是美国著名作曲家欧文·柏林给后起晚辈作曲家乔治·格西文的忠告。格西文接受了这一忠告，并最终成为美国当代极有贡献的作曲家之一。

美国卡耐基基金会曾做过一项调查：在继承了15万美元以上财产的子女中，有20%的人放弃了工作，整天沉溺于吃喝玩乐，直到倾家荡产；有的则一生孤独，出现精神问题，或是做出违法乱纪的事来。

一代大教育家陶行知老先生有一首诗写得好：“滴自己的血，流自己的汗，自己的事情自己干，靠天靠地靠老子，不算是好汉。”的确，人生于天地之间，自立自强才是人生最重要的课题。人生最可依赖的是什么？是知识、是智慧、是汗水。人常说“靠人种地满地草，靠人盛饭一碗汤”。你的父母都不可能依靠一生一世，更何况他人呢？因此，这个世界上最可靠的不是别人，而是你自己。

清朝末年，一朝宰辅、封疆大吏左宗棠告老还乡。回到长沙之后，他计划兴建豪宅一处，一为自己颐养天年之用，二为传于后世子孙。新房很快动工了，左宗棠却总是不放心。他三天两头便拄着拐杖到工地视察一番，这儿摸摸，那儿敲敲，生怕工匠们偷工减料。一位老工匠看在眼里，便说："大人，您就请放宽心吧，自从我当学徒起到现在，我们已经在长沙城里造了数不清的府第，现在我已经是一把年纪了却还从来没有发生过房屋倒塌的事件呢，但是房子易主的事情我可是看的太多了。"左宗棠听后，不觉满面羞愧，叹息而去。同为清末名臣，林则徐在对待这个问题上就开明得多了："子孙若我，要钱干什么？贤而多财，则损其志；子孙不若我，要钱做什么？愚而多财，益增其过。"在林则徐看来，只要你拥有知识就可以自己去创造财富，与其为子女留下财富，不如留给他们更多的知识。

美国大富豪罗斯·柴德是巴比特老一辈的富翁，他像绝大多数的富豪一样把他所有的财产都留给了儿子拉斐尔。但两年后年仅23岁拉斐尔被人发现死于纽约的一处人行道上，死因是吸食海洛因过度。基于此，近年来在美国的富翁中流行一种新的风尚，他们把自己绝大部分的财产捐献给了社会，以避免留太多的财产给子孙后代，使他们乐不思蜀，成了扶不起的阿斗。这种风尚的实践者有大名鼎鼎的微软创办人比尔·盖茨、投资家华伦·巴菲特等。

"天行健，君子以自强不息。"客观世界不断地向前发展，社会不断地前进，因此有志者必须不断地自强，不断地更新自己。正如文天祥所说："君子之所以进者，无法，天行而已矣。"你的生命，要靠你自己去雕琢。

前苏联火箭之父齐奥尔科夫斯基的童年是极为不幸的，在他10岁时，一场大病使他几乎完全丧失了听觉。接下来不久，他善良的母亲又患病去世了。面对接二连三的打击，他陷入了极大的痛苦之中。这时，他的父亲鼓励他："孩子！要有志气，靠自己的努力走下去。"就是从这一刻起，年幼的齐奥尔科夫斯基开始了真正的自学道路。他自学了物理、化学、微积分、解析几何等课程。苦难的磨砺，最终使他成了一个学识渊博的科学家，为火箭技术和星际航行奠定了理论基础。

有一个故事说，从前有一个老汉和他的儿子赶着一头驴子。刚走不远，遇着一个妇人道："你们有代步的驴子不骑，反而在路上走着，真是奇怪。"老汉听了便叫儿子骑驴。一个老人见状叹息说："看！如今对年老的人还有什么尊敬呢?这懒惰的孩子骑着驴，他年老的父亲却徒步。"老汉听了，就自己骑了上去。一群孩子见了便喊道："你这懒惰的父亲，怎么让你可怜的孩子在后面吃力地走呢?"于是老汉又把儿子也拉上驴背。一个老和尚见了双手合十道："阿弥陀佛！这可怜的驴子啊，你们两人合抬这可怜的牲口，远比骑它要好得多啦。"老汉便和他的儿子把驴子四蹄绑在一起，用一根竿子吃力地把驴子抬上肩膀……

这个故事当然是杜撰出来的，但是你细想一下，现实生活当中是不是还真的存在着这样的"赶驴老汉"呢？其实"老汉"在"赶驴"的时候大可不必完全迎合他人的喜好，只要你认为这样做是对的就应该坚持下去。走自己的路，让喧哗的人喧哗去吧！

俄国作家契诃夫曾经说过，这个世界上有大狗，也有小狗，小狗不能因为大狗的存在就自惭形秽。所有的狗都是应当叫的，就任由它们用自己的声音叫好了。所以，你切不可因为看到巨著《战争与和平》，就干脆放弃了文坛上的耕耘；看到了篮球场上乔丹凌厉的进球，就放弃了自己的篮球憧憬；看到田径场上刘翔风一样的闪过，就彻底放弃了自己的田径梦想。试想，如果每个人都怀有这种想法，那么这个世界上还会存在有托尔斯泰、乔丹和刘翔这样的人物么？

遗传学的观点揭示出，我们每个人都是自然界最伟大的奇迹，以前没有像我们这样的人，以后也不会有。因此，我们要坚持走自己的路，而且这也是我们实现人生价值的必由之路。一个人如果失去了自己，便失去了存在的意义。一个成功的人、一个懂得珍惜自己价值的人、一个明白自己来到人世的使命的人，必定也是一个自信的人，一个坚持走自己路的人。

嫉妒是人生的毒药

嫉妒，是对他人的优越地位而心中产生的一种不愉快的情感。嫉妒，是人类的天性。每个人的一生，都曾经遭遇或心怀嫉妒。嫉妒是一种令人痛恨的情绪，它郁积在内心，便会对自己的心灵造成折磨和伤害，而发泄出来，又会对他人造成攻击和中伤。嫉妒就其本质来说，是一种隐秘而微妙的情感，是一种承认自己被别人挫败后的反应。

在基督教中，嫉妒和傲慢、暴怒、懒惰、贪婪、饕餮以及淫欲被列为人神共诛的“七宗罪”。在伊斯兰教中也有“嫉妒吞食信仰，如同大火吞食木头”等类似的描述。可见在劝人向善的教义里，嫉妒永远都是这样一副丑陋的面孔。英国诗人、剧作家、文学批评家约翰·德莱顿称嫉妒心为“心灵的黄疸病”。

在古代，摩伽陀国出生了一头白象，国王将这头象交给一位驯象师照顾。这头白象全身白皙，毛柔细光滑，并且还十分聪明、善解人意。没过多长时间，驯象师和白象之间就已经建立了良好的默契。在国家的一次庆典上，国王骑着白象进城参加庆典活动。由于白象实在太漂亮了，人们都围拢过来，一边赞美、一边高呼："象王！象王！"面对这样的情形，国王似乎有了一种受到冷落的感觉，他觉得那些本该属于自己的赞美和光彩都被这头可恶的白象抢走了，想到这他心里更是生气和嫉妒了。很快，闷闷不乐的国王回到王宫，他立即召见驯象师问道："这头白象，能在悬崖边展现它的技艺么？"驯象师说："应该可以。""好，那我们现在就让它在波罗奈国和摩伽陀国相邻的悬崖上表演吧。"马上，国王带领大臣们和驯象师、白象来到了悬崖边上。国王说："这头白象能以一脚站在悬崖边上么？"驯象师很惊讶国王为何提出这样的要求，但他还是对白象说："小心点，伙计儿，缩起三只脚，用一只脚站立。"白象谨慎地照做了。围观的大臣、民众顿时报以热烈的掌声为白象喝彩！国王彻底气急败坏了，他咆哮着对驯象师说："它能把全身悬空吗？"驯象师此时完全明白了国王的意图，他悄悄地对白象说："国王存心要你的命，再待在这儿是很危险的，你就腾空飞到对面的悬崖吧！"刚说完，白象真的悬空飞了起来，载着驯象师飞越悬崖，进入波罗奈国。波罗奈国的国王听了驯象师的讲述后，叹道："人为何要与一头象计较、嫉妒呢？"

所以说，人生在世，一定要有一颗平和的心，切不可心怀嫉妒。俗话说："已欲立而立人，已欲达而达人。"别人有所成就，我们不要心存嫉妒，应该要平静地看待别人所取得的成功，这是拥有幸福人生的秘诀。

在一个小山村里，有一对心胸狭窄的小夫妻，他们总是因为一点小事就争吵个不停。一天，妻子拿瓢到酒缸里去取酒。妻子探头朝缸里一看，瞧见酒中竟然有一个女人，她立刻大喊起来："死鬼，竟然敢瞒着我偷偷把女人藏在缸里面，今天终于给我逮到了，看看你还有什么话可说。"丈夫听了糊里糊涂地跑过来往缸里一瞧，见有一个男人在缸里面，不由骂起来："你这个坏婆娘，明明是你把男人领回家藏在酒缸里，反而诬陷我！"夫妻俩越吵越凶，妻子干脆举起手中的水瓢向丈夫扔去，丈夫还了妻子一个耳光，两人扭打成一团。最后闹到了官府，官老爷听完夫妻二人的话，命衙役把缸打破。一锤下去，缸破了，酒汩汩地流了出来。夫妻二人往地上一看，连半个男人或女人的影子都没有。直到现在他们才明白，他们先前所嫉妒的不过是自己的影子而已。

嫉妒心强的人把自己的热情就在这种无益的争吵中消耗掉了，他是在同自己的嫉妒谈话。生活中，我们遇到怀疑的事情时，总是常常习惯于过早地下结论，不能耐心地、客观地、理智地分析，从而使我们不能了解事实的真相。尤其在生气的时候，就像上述故事中的那对小夫妻一样，不能冷静地思考分析，反被嫉妒心冲昏了头脑。一个人只有通过冷静的思考，准确地分析自己，慎重对待成功与失败，才能使自己从嫉妒的心理中解脱出来。事实也证明了，有效的自我抑制，对于克服嫉妒是非常有效的一种手段。

嫉妒，从某种意义上来说，是人类的一种普遍的情绪。现代社会是一个崇尚成功的社会，然而在激烈的竞争当中，有人成功，就必然会有人失败。失败之后所产生的由羞愧、愤怒和怨恨等组成的复杂情感就是嫉妒。可以说我们任何人都会有这种心理，如果让这种嫉妒在心里蔓延，必然会引起许多不必要的麻烦，为我们的生活增加负担，造成人与人之间的不和谐。

当今社会是个竞争日益激烈的社会，人际关系愈来愈复杂、微妙。可以说只要是身心健康的人或轻或重地都有这种心理，只不过是有些人易表露，有些人善于掩饰而已。有这种心理并非坏事，如果把问题处理好了，则是一种催人积极奋进的原动力——学会取人之长补己之短。如果处理不好，妒火中烧，就会引发不正当竞争，惹出许多是非来。

所以你必须要对嫉妒这一情感引起足够的重视。如果你产生了嫉妒的心理，也用不着太紧张，因为嫉妒是可以化解的，只要我们不为一时的痛快，不为一时的宣泄，自然会放下嫉妒的包袱。这时，你会发觉自己的步子更加轻松而愉悦。如果别人的嫉妒能把你打倒，这说明你不是最优秀的，虽然可能是优秀的，在意志上却算不上优秀。面对嫉妒者的中伤，一般人最容易做出的也是最下策的反应就是反唇相讥，这样，你会因为别人的无聊，而使自己也变得无聊。甚至有可能陷入一场旷日持久、又毫无意义的纠葛之中。拜伦说过：“爱我的我报以叹息，恨我的我置之一笑。”是啊，对嫉妒者的中伤，最曼妙的回答莫过是让心灵安详地微笑！

和他人分享快乐

子曰：“仁者不忧”。“不仁者，不可以久处约，不可以长处乐”。孔子认为，和他人分享快乐的习惯是仁者的习惯，自然就可以长处乐境。由此可见，创造快乐的主动权就在我们自己手中，善于将快乐和他人共享，快乐将永无止境。

美国一位心理学家指出：快乐是一种心理习惯，快乐是一种个性化的生活态度，快乐是一种健康的气质。

有一个人从他的好友那里弄到一包名贵的郁金香种子，据他的朋友说，这些种子品种纯正，将来会开出艳丽的花朵。这人高兴极了，他也非常珍惜这些种子。春天，他精心地把种子种在自家的院子里，其后拔草、除虫他都做得无微不至。终于，郁金香成片地开放了。但让他失望的是，满园子的花都开的五颜六色的，根本就不是他原来所期望的那些纯正的、名贵的荷兰货。对此，他感到万分奇怪，就去向花卉专家请教。

专家听了他的话，问：“你的邻居是否也种郁金香呢？”

他说：“是呀，不过他们种的都是普通的品种罢了。”

“这就对了，你的花之所以这样，就是由于花粉传播造成的。其他种类的郁金香粉从邻居院里飘过来，导致你的院子里开出了杂交郁金香。”专家回答说。

“那我怎么办呢？”他问，“难道我就培养不出那些纯正的郁金香了么？”

“把你的那些珍贵的种子也分一些给你的邻居，这样问题不就解决了么？”

他回去后按专家的方法照办了。后来，他的院子里果然开出了纯种的荷兰郁金香。

给别人快乐，自己也会得到快乐；给别人亲切的微笑，自己也会迎来和善的笑脸。幸福的最大秘诀是：让自己身边的人快乐。

“我个人迈出了一小步，人类却迈出了一大步。”这是阿姆斯特朗在迈上月球时所说的一句话，也正是因为这句话，使他变成了那个时代家喻户晓的名人。他的光环完全掩住了和他一同执行登月计划的另一个航天员，他就是奥尔德林的，后者的名字显然对我们来说是很陌生的。

后来，在一次庆祝登月成功的记者招待会上，一位记者向奥尔德林提出了一个问题：“阿姆斯特朗成为人类登陆月球的第一个人，作为同行者，你是否感觉到有点遗憾呢？”面对如此尖锐的问题，现场的气氛一下子凝固了，在众人尴尬的注视下，奥尔德林风趣地回答道：“各位，千万别忘记了，回到地球时，我可是最先迈出太空舱的！”他环顾四周笑着说，“所以我是从别的星球来到地球的第一个人。”大家在笑声中，给予了他最热烈的掌声……

当把快乐作为生活的一部分时，我们就会感到非常快乐。我们知道，内心的快乐跟脸上的快乐有很大的差别，前者能使我们充满自律、对人生心怀希望、带给周围人同样的快乐。脸上的快乐虽具有能够消除害怕、生气、挫折感、难过、失望、沮丧、懊悔及不中用等不良情绪的能力，但当我们不管遭遇了什么事，还硬是要在脸上浮现笑容，就会使我们觉得再也没什么比这个更让我们难受的了。

海伦·凯勒曾经写道：任何人出于他的善良的心，说一句有益的话，发出一次愉快的笑，或者为别人铲平粗糙不平的路，这样的人就会感到欢欣。这是他自身极其亲密的一部分，以致使他终身去追求这种欢欣。海伦·凯勒正是同别人分享了优良而称心的东西，从而使自己得到更大的快慰。与别人分享的东西愈多，我们获得的东西就越多。

一位智者和一位友人结伴外出游历。在经过一个山谷的时候，智者一不小心跌倒了，还好有他的朋友拼尽全力拉住他，才使他免于葬身谷底。智者执意要将这件事情镌刻在悬崖边的一块石头上：某年某月某日，在此，朋友某某救我一命。又一次在海边，两个人因为一件事情争吵起来，朋友一怒之下，给了智者一耳光。智者捂着发烧的脸说：我一定要记下这件事情！智者找来一根棍子，在沙滩上写下：某年某月某日，在此，朋友某某打了我一耳光。朋友看过之后不解地问他：你为什么不刻在石头上呢？智者笑了，说：我告诉石头的事情，都是我惟恐忘了的事情，我要让石头替我记住；而我告诉沙滩的事情，都是我惟恐忘不了的事情，我要让沙滩替我忘记。朋友听了，万分惭愧，两人又和好如初了。聪明的人懂得善待别人，不会抓着对方的错误不放。

也许几十年之后，人们早已忘记了奥尔德林，但却不能忘记他那种玉成他人，真诚分享朋友快乐的美德。让我们将不值得记住的事情统统交给沙滩吧，让海水卷走那些不快，伴随着新一轮朝日诞生的是你无忧的笑脸、无瑕的心。

接受不可改变的事实

在荷兰的阿姆斯特丹，有一座建筑于15世纪的古老寺院。在寺院中央的一棵大槐树下有一块石碑，碑上刻着：既已成为事实，只能如此。

希腊伟大的演说家德莫森，他小的时候因为口吃而害臊羞怯。他父亲死后留给他一块土地，希望他能够以此维持生活，但按照当时希腊法律的规定，他必须在声明拥有土地权之前，先赢得公开举行的所有权辩论。很不幸，口吃加上羞怯的性格使他丧失了那块土地的所有权。但他没有被此击倒，而是发愤努力战胜自己，于是他终于成为了希腊历史上最伟大的演说家。历史忽略了那个获得他土地所有权的人，但几个世纪以来，整个欧洲都记得这样一个伟大的名字——德莫森。

接受无法抗拒的事实，唯有此才能克服生活中所遇到的各种不幸。人生在世，生活中不尽如人意的事情谁都可能会遇到。正所谓，天有不测风云，人有旦夕祸福。世界上的有些事情是可以改变的，有些事情则是无法改变的，诸如亲人亡故、各种自然灾害的发生，既然已经成为既定的事实，你就要坦然去面对它。否则，只不过是徒增哀伤而已。

有一位瓷器收藏爱好者，他新近购得一只明代官窑的瓷碗，他对其爱不释手，每天都是擦了又擦，看了又看。一天，他依旧像往常一样拿起这个瓷碗细细观赏的时候，一个不留神，瓷碗掉在地上摔得粉碎。这下，这位瓷器爱好者的心仿佛油煎一样难过。从此，他每天都呆呆的望着那堆瓷碗的碎片，茶饭不思，人也变得越发憔悴起来。时光在他近乎绝望的眼神中滑过了半年，最终这个瓷器收藏者精力衰竭而亡。直到他咽气的时候，他的手上还拿着那个已经破碎的瓷碗碎片。

这位收藏者的心情我们是可以理解的，对于他的不幸遭遇我们也是深表同情的，但是他却最终也没能明白这样的一个道理：覆水难收，纵使他如何得悲伤也不能够使破碎的古瓷碗再恢复原样。所以，在生活中如果发生了类似无可挽回的事情时，我们就要学会接受它、适应它。一场大火烧光了爱迪生的所有设备和成果，但他却说："大火把我们的错误全部都烧光了，现在我们可以重新开始了。"

很多时候，我们的烦恼不是来自于对"美"的追求，而是来自于对"完美"的追求。由于刻意追求完美，我们不能容忍缺陷的存在。结果，经常一点小小的缺陷，就可能遮蔽住我们的眼睛，使我们的目光滞留在缺陷上，从而忽略了周围其他的美好之处，以致错过了许多美好的东西。

小蜗牛一生下来就对背上这个又硬又重的壳烦恼不已，他问妈妈："为什么我们一出生就要背负着这样一个笨重的硬壳呢？"

“傻孩子，因为我们的身体没有骨骼的支撑，所以我们需要这个硬壳的保护啊！”妈妈慈爱地说。

“可是毛毛虫也没有骨头啊，他们为什么就不用背这样一个又硬又重的壳呢？”小蜗牛又问。

“因为毛毛虫以后会变成蝴蝶，飞到天空中去，天空会保护他们的。”

“那么小蚯蚓呢？他们也没骨头，也爬不快，他们也不会变成蝴蝶，为什么他们不用背这个又硬又重的壳呢？”小蜗牛似乎要打破沙锅问到底了。

妈妈还是耐心地给小蜗牛解释：“因为小蚯蚓会钻到地里面去，大地会保护他们的。”

“那我们真是好可怜啊，天空不保护我们，大地也不保护我们。”小蜗牛失声痛哭起来。

“所以我们有壳啊！我的孩子！”蜗牛妈妈拍拍小蜗牛的肩膀，安慰他说：“我们即不靠天，也不靠地，我们就靠我们自己。”

是啊，蜗牛妈妈的话说得多好啊！面对不可改变的现实，我们也要学会坦然面对，或许你会发现原先的劣势其实也可成为优势，原先的不足其实也能转化为特长。

看过影片《阿甘正传》的朋友都知道，童年的阿甘双脚无法走路，靠背撑和两脚上的那些金属支架才支撑起他摇摇晃晃的身子。到了该上学的年龄，他的校长因为阿甘的智商只有75，就拒绝他入学。在学校里阿甘为了躲避别的孩子的欺侮，他跑着躲避别人的捉弄。在中学时，他为了躲避别人而跑进了一所学校的橄榄球场，就这样阿甘

被大学破格录取，并成为橄榄球巨星，受到肯尼迪总统的接见。大学毕业之后，阿甘入伍去了越南战场，不管别人对战争有多么地仇视，他认为自己应该做好的就是今天的事，因而对国内高昂的反战情绪毫不理会。同样，执著又成就了他，作为英雄他受到了约翰逊总统的接见。

阿甘有一个从小青梅竹马的玩伴珍妮，阿甘和珍尼在大树上培养着他们深厚的友谊，后来两人也互相喜欢着。但珍妮向往一种更有激情的生活，这是阿甘所不能给她的，于是她出走了。阿甘虽然很爱珍妮，她的出走也让阿甘很伤心，但阿甘并没有就此沉沦下去。他依然按自己的想法，按部就班地做着自己的事情。他从不想自己的明天会怎样，只是每天坚持做着自认为该做的事。恰恰是这种心态，成就了阿甘一个又一个的业绩：他先成为了美国的乒乓球巨星，直接参与了中美两国的乒乓外交活动，并受到了尼克松总统的接见；后来，他又有了十几条船，成为了一个捕虾公司的老板，并成为了百万富翁；在这时候，珍妮回来了，在和阿甘共同生活了一段日子后，她又走了。郁闷使阿甘突然觉得自己想跑，于是他开始奔跑，这一跑就横越了整个美国，他又一次成了名人。阿甘肯于接受他生活中难以改变的现实，所以阿甘创造了自己人生的辉煌。

所以，任何人遇到不尽如人意的事情发生时，情绪都会受到一定的影响。对于那些已经存在的既定事实，当你无法改变它的时候，就要学会去接受它、适应它。否则躲在角落里悲悲戚戚、自怨自艾，那样只会毁了你的生活。

心态决定你的成败

一个人能否成功，关键在于他的心态。成功人士与失败人士的差别就在于成功人士有积极的心态和高昂的热情。的确，心态是真正的主人，你的心态决定了谁是坐骑，谁是骑师。成功者与失败者之间的差别就在于：成功者拥有积极的心态，失败者拥有消极的心态。成功者运用积极的心态支配自己的人生，他们始终用积极的思考、乐观的精神和丰富的经验控制着自己的人生。失败者总是运用消极的心态支配自己的人生，他们一直都在接受失败的引导，他们长时间生活在空虚、悲观、失望之中，所以迎接他们的只是失败。

小时候的富克兰林，是一个非常胆小的男孩。惊恐的表情总是浮现在他的脸上，即使当他面对师长或面对一些生活中极为普通的事情时，他通常也会心跳加快，呼吸就像喘气一样，他总是低着头不敢面对老师和同学。但是，后来富克兰林凭着积极的心态和奋发的精神，终于成为一位最得人心的美国总统。在他晚年时，他少年时的缺陷已经被世人忘记了，人们记在心里的只有富克兰林那充满自信的表情。

一个人的成功与失败在于他的一念之间，当你认为自己是一个非常优秀的人时，你的精神状态就一定是积极乐观的，你的言行举止也必然是积极向上的。如果你每天都是一副失落的表情，那么，你给他人和自己带来的将是一种失败的感觉。

1925年，沈从文26岁，凭借着在上海文坛的积极打拼，名气也不小。当时任中国公学校长的胡适很欣赏这个有作为的年轻人，便聘请他为该校讲师。但是名气毕竟不是胆气，只有小学学历的沈从文在他第一次走上讲台的时候，面对着讲台下坐无虚席渴盼知识的学子，这位大作家竟然一下子紧张得说不出话来。过了好一会儿，他的心绪才平静下来，开始讲课。但是由于缺乏教学经验，原本准备要讲授一个课时的内容，却被他三下五去二在10分钟内就讲完了。同学们都面面相觑，不清楚这位大作家的葫芦里面到底装了什么药。这剩下的时间该如何打发呢？面对这种状况，沈从文的态度极为诚恳，他并没有天南海北、信口开河地硬撑“场面”，他拿起粉笔在黑板上工工整整地写道：“今天是我第一次上课，人很多，我害怕了。”面对如此诚实的话，同学们即刻报以热烈的掌声。

胡适后来听说了他这次讲课的经过，不仅没有提出批评，反而幽默地说：“沈从文的第一次上课成功了！”

是啊，坦言失败的真诚，当然不是随机应变的智慧，但它具有比智慧更加诱人的魅力。有些凭借随机应变的智慧难以收场的局面，坦言失败的真诚却能轻而易举地为其画上圆满的句号。

一个年轻人，大学毕业后凭着热情，决定到一个偏僻的山村去接受锻炼。到了目的地，他才了解到这里条件的艰苦远远超出了他的想象：风不停地吹着，到处飞沙走石，甚至连个和他谈心的人也没有。

他难过极了，写了封信向他们的父母求救。一个星期后，他收到了父母的来信，他展开一看只有一句话：“两个人从窗户往外看，一个看见的是无尽的黑暗，另一个看见的却是星星。”看了父母的来信，他为之前的举动感到惭愧万分，他决心要做那个看星星的人。后来，他主动和当地人交上了朋友，并对他们提供真诚的帮助，他的生活也渐渐变得充实和快乐起来。

有的人在优越的环境中看到的总是烂泥，而有的人在逆境中看到的总是星星。不管在什么样的环境中，改变一下你自己的心态，你就会更快乐。

“汉堡包王”克罗克出生于西部淘金运动的尾声，这样一个本来可以大发横财的时代与他擦肩而过了。中学毕业之后，他正准备上大学，1931年美国经济的大萧条来临了，困窘的现实情况使他不得不放弃学业转去搞房地产维持生活。可是，当他的房地产生意刚有起色，第二次世界大战又打起来了。克罗克竹篮打水一场空。这以后，他到处求职，曾做过急救车司机、钢琴演奏员和搅拌器推销员。但克罗克似乎命犯“煞星”，他无论从事何种职业，不幸几乎就没有离开过他。

尽管如此，克罗克仍是保持高昂的斗志，仍然执著地追求着。直到1955年，在外闯荡了半生的他依旧两手空空地回到了老家。这时，他发现迪克·麦当劳和迈克·麦当劳开办的汽车餐厅生意十分红火，他确认这种行业很有发展前途。于是他卖掉了家里的一份小产业后，再一次开始了创业的漫漫征途。当时克罗克已经52岁了，对于多数人来说这正是准备退休的年龄，可他却决心从头做起。后来，他甚至借债270万美元买下了麦氏兄弟的餐厅。经过几十年的苦心经营，麦当劳现在已经成为全球最大的以汉堡包为主食的快餐公司，在国内外拥有7万多家连锁分店，年销售额高达近200亿美元。

活在当下，不为明天的事忧虑

佛家常劝世人要“活在当下”。到底什么才是“当下”呢？简单地说，“当下”指的就是：你现在正在做的事、待的地方、周围一起工作和生活的人。“活在当下”就是要你把关注的焦点集中在这些人、事、物上面，全心全意地认真去接纳、品尝、投入和体验这一切。

有个小和尚，他每天早上的任务是要把寺院里面的落叶清扫干净。一到秋冬交替，漫天飞舞的落叶便让小和尚头痛不已。怎么才能让自己更轻松些呢？有个师兄给他出了个主意：“你明天在打扫之前先把每一棵树的叶子都摇下来，这样你以后打扫起来不就方便多了么？”小和尚觉得这个办法很不错。于是第二天他早早地便起来了，按照师兄的方法他使劲地摇动着每一棵树，他干得非常起劲，在天还没亮之前他就已经扫完了整个寺院。一整天小和尚都非常开心，因为明天他就可以不用再扫那些讨厌的落叶了。第二天，小和尚到院子里一看，不禁傻眼了，院子里如往日一样满地落叶。这时，老和尚走了过来，他拍了拍小和尚的头对他说：“傻孩子，无论你今天怎么用力去摇动这些树木，明天的落叶还是会飘下来的。”小和尚终于明白了，世上有很多事是无法提前的，就像这叶子一样，只有到了该飘落下来的时候才会落下来。人也是如此，唯有认真地活在当下，才是最真实的人生态度。

世上几乎所有的人都会在生活中遇到或大或小的“不幸”，然而更为不幸的是，很少有人知道该怎样做才能顺利度过这些生活中的不幸遭遇。罗伯特·哈罗德·卡什诺在他的畅销书《当不幸降临到善良的人们》中曾告诫人们：我们不应该总是把眼光落在过去和痛苦上，我们不应该总是自问：“为什么不幸偏偏降到我头上？”代替这句话的应该是面向未来的问题——“既然这一切都已经发生了，我应该做些什么呢？”但是，生活中的许多人当他们处于迷茫之中的时候，首先考虑的却往往不是这个问题。

一日,早斋的时间刚过，就有一个人来到寺院里请住持大和尚指点人生。住持邀他进入内室，刚坐定，大和尚就发问道：“你吃早餐了吗？”这人点点头。“你洗餐具了吗？”大和尚又继续问道。这人又点点头。“那你有没有把碗晾干呢？”大和尚似乎还是不愿意就此结束这个话题。“是的。”见住持如此发问，这人只好如实回答，“那么，现在你可以为我指点人生了么？”“你已经有答案了。”住持说完这句话，就吩咐小僧把这人送出了内室。几天后，这人终于悟出了住持大和尚点拨的人生真理：人生就是要把重点放在眼前，必须全神贯注于当下，因为这才是真正的要点。

活在当下，是一种全身心投入人生的生活方式。你只有选择活在当下，你才不会被过去所拖累，也不会为没有未来而胆寒。此时，你全部的能量都集中在这一时刻，你的生命也因此具有一种强烈的张力。

想想看，大多数人的人生是否都是这样度过的：年轻的时候，拼了命想挤进一流的大学；随后，想赶快毕业找一份好工作；接着，又迫不及待地结婚、生小孩；然后，又整天盼望小孩快点长大；后来，小孩长大了，你退休了，此时，你也老得几乎连路都走不动了……当你正想停下来好好喘口气的时候，生命也快要结束了。

对你而言，生命就是一切。当生命走向尽头的时候，你是否明白：你这一生有什么遗憾吗？你认为想做的事你都做了吗？你有没有好好笑过、真正快乐过呢？与其那样劳碌了一生、时时刻刻都在为生命担忧、为未来做准备、一心一意计划着以后发生的事，却忘了把眼光放在“现在”，直到时间一分一秒地溜过，才恍然大悟“时不我予”的叹息了。

爱德华·依文斯出生在一个贫苦的家庭里，像所有穷困的孩子一样，他卖过报纸、当过杂货店店员。直到八年之后，他鼓起勇气开始了自己的事业。就在他的那份事业刚刚起步的时候，他替一个朋友背负了一张面额很大的支票，而那个朋友破产了，这对他来说无疑是一个重大的打击。接下来没多久，那家存着他全部财产的大银行也破产了，为此他负债16万美元。此时，上天似乎也完全抛却了对依文斯的眷顾之情，依文斯开始生起奇怪的病来，医生告诉他只有两个礼拜好活了。想到自己在这美好的世间只有几天好活了，他突然感觉到了生命的宝贵。于是，他彻底放松下来，决定好好把握自己剩余不多的每一天时间。

他的这种精神似乎也感动了上苍那颗冷漠的心，于是上天赐予了他一个奇迹：两个礼拜之后，依文斯没有死。六个礼拜之后，他甚至已经能够回去工作了。在经历了这场生死考验之后，依文斯大彻大悟，洞悉了人生的真谛：患得患失是无济于事的，对一个人来说，最重要的就是要把握住现在。现在他对于一个礼拜三十块钱的工作，也能坦然面对，尽管他以前一年曾赚过两万块钱，可是现在因为能找到这份工作他就已经很高兴、很满足了。正是有这种心态，依文斯事业的进展反而更加迅捷了，没几年工夫，他已是依文斯工业公司的董事长了，他的公司在美国华尔街的股票市场交易所里一直保持着旺盛的生命力。或许，就是因为学会了只有生活在今天的道理，爱德华·依文斯才取得了人生的胜利。

库里希坡斯曾说："过去与未来并不是'存在'的东西，而是'存在过'和'可能存在'的东西。唯一'存在'的是现在。"

把握今日等于拥有两倍的明日

富兰克林曾说过："把握今日就等于拥有两倍的明日。"俄国作家赫尔岑认为：时间中没有"过去"和"将来"，只有"今天"才是现实存在的时间，才是实实在在的，才是最有价值和最需要人们利用的时间。但在生活中，我们更常见的，却是那些将今天该做的事拖延到明天。更有甚者，相当的一部分人即使将事情拖延到明天依旧无法做好。对此，你的正确态度应该是：今天的事情今天就要做完，否则你将无法做成那些大事，也不太可能取得成功。

从前，有一位国王，多年以来一直为两个问题所困扰着：一是，作为国王，他一生中最重要的时光是什么时候？二是，他一生中最重要的人是谁？他经常不断地问自己，他也曾苦苦地思索过，可是最终也没能得到答案。为此，他向全国颁布召令：如果有谁能够圆满的回答出这两个问题，将可以和他一起分享他的江山。一时，全国各地的人都来到皇宫替国王解答疑问，但他们的答案却没有一个能让国王满意。这时，有一位大臣告诉国王他知道一位很有智慧的老人，或许只有他才能解答国王的疑问了。于是，国王假扮作一个农民来到那个智慧老人的家里。他表达来意之后，老人并没有马上回答他的问题，而是带他来到了他的小院子里面。“帮我挖点土豆，”老人说，“把它们拿到河边洗干净。我烧些水，你就可以和我一起喝一点汤了。”国王以为这是对他的考验，就照他说的做了。接下来的几天里，他也是按照老人的吩咐去做事，以期通过老人的“考验”，能够使自己的疑问得到解答。但转眼间，半个月的时间过去了，老人还是没有清楚回答他的问题。国王彻底恼火了，他拿出自己的玉玺，宣布这个老人是个骗子。但老人却不慌不忙地说：“陛下，其实在我们第一天见面的时候，我就已经告诉你答案了，但是你自己却没有领悟到——你生命中最重要的时刻就是现在，过去的已经过去，将来的还未到来；你生命中最重要的人就是现在陪伴你的人，因为正是这个人和你分享并体验着生活。”

是啊，身为一国之王，他既有权势，又富甲天下，但却深受这两个简单的问题的困扰。其实，人的一生似乎都在寻寻觅觅：寻找永恒不变的幸福，寻找千秋盖世的功业。为此人们劳苦终日，行色匆匆。也许到了弥留之际，都找不到自己要找的东西。因为要找的东西可能早已擦肩而过了。

生活中，总是会有人说，还有明天呢，你不用总是那么着急。可是，明天还有明天的事要做。对于那些珍惜时间的人而言，今天才是最珍贵的，今天的成就就是明天更好的开始。没有今天，明天就会一无所有。所以，成功人士会抓住今天的时光，为自己积累财富，那些总想着还有明天的人，永远都不会有所成就。

如果你总是把问题留到明天，那么，明天就是你的失败之日。

同样，如果你计划一切从明天开始，你也将失去成为行动者的所有机会。因为明天，只是你愚弄自己的借口罢了。

寒号鸟的故事相信大家都耳熟能详了：在遥远的大森林里，阳光明媚，鸟儿们辛勤地劳动。其中有一只寒号鸟，他有着一身漂亮的羽毛和嘹亮的歌喉。每天他都到处卖弄着自己的羽毛和嗓子，看到别人辛勤劳动反而嘲笑他们不会生活。好心的鸟儿提醒他说：“冬天快来了，赶快准备好房子吧！”。

寒号鸟不以为然：“冬天还早呢，这么好的时光还是尽情地玩吧！”

就这样，眨眼间冬天来到了，天空飘起了雪花。鸟儿们都躲在自己暖和的窝里，而寒号鸟却在寒风中发抖。

第二天，太阳出来了，寒号鸟却早已被冻死了。

生活中的我们不也会因为这样得过且过，从而让自己错过许多本来可以得到的东西吗?

著名作家玛丽亚·埃奇沃斯对于“从今天做起”而不是“从明天开始”的重要性有着深刻的见解。她在自己的作品中写道：“如果不趁着一股新鲜劲儿，今天就执行自己的想法，那么，明天也不可能有机会将它们付诸实践；它们或者在你的忙忙碌碌中消散、消失和消亡，或者陷入和迷失在好逸恶劳的泥沼之中。”

在古代，有一个农夫，他听说要是能够找到地底下埋藏着钻石的土地就可以过上富足的生活了。于是，农夫卖掉自己的土地充作盘缠出去寻找埋藏着钻石的地方。终其一生，农夫虽然踏遍了千山万水，但却最终没有发现钻石，穷困潦倒中客死他乡。无巧不成书，那个买下这片土地的人在耕作的时候，无意中发现了一块透明的石头。经人鉴定，这是一块钻石。这个“农夫寻宝”的故事绝对是发人深省的：生活给予我们的实在太多了，可惜大多数人都不懂得珍惜。钻石就在我们身旁，关键是我们要有一双发现生活、发现钻石的慧眼。

古希腊著名的辩论家德谟斯吞斯认为，拥有杰出的辩才，第一是要把握现在，第二是要把握现在，第三仍然是要把握现在。

今天行动应该成为你奉行的原则。不要把今天的工作推迟到明天来做，一定要今天的工作今天来完成，甚至争取今天完成明天的工作。如果你想要冲破你的人生难关，现在就去做！行动迅速可以使你抢占先机，同时使你的对手在短时间内反应不过来。这样，你就可以控制主动权。每一个人都要认识到自己的每一次行动，都是一次赢得时间、赢得金钱的行动。

踏实行动，在你拥有了自己的行动目标后，马上争取时间付诸行动。这就犹如赛车一样，当你给自己的车加了足够的油，弄清了赛车的线路，检查好了所有的设备，要想成功地抵达目的地，还得需要把车开起来，并保证足够的动力。

不要去幻想，要立即行动。我们总是自欺欺人的暗示自己：只需等待，美好的未来便会自然而然地出现。某个时刻，以某种方式，在某一天，它会出现。然而，就是这个画饼充饥的愿望，却无孔不入、无处不在于我们的生活之中。

如果我们希望取得某种现实而有目的的改变，那么，我们便必须采取某种现实而有目的的行动。这对于我们是否能够主宰自己的生活至关重要。

如果你时时想到“今日”，就会完成许多事情；如果常想“将来有一天”或“将来什么时候”，那就一事无成。当然，大器晚成并不是怠惰的代名词，相反，积极向上才是大器者的品质。因此，我们要时时刻刻记住富兰克林的这句话：“把握今日就等于拥有两倍的明日。”

用微笑去面对困境

不幸出现在我们的生活里，并不足为奇。然而，当我们遭遇不幸的时候，我们应该重视它的存在价值和利用价值，而不是一味躲避退缩。

诚然，生命之花刚刚萌芽，却遭风吹雨打，事业之帆刚刚启程，就遭遇暗礁、险滩，这真的是很不幸。但是，你大可不必哀哀泣泣，辩证地分析一下，那些“坏”的东西里面或许也会存在着一些积极的因素，在一定条件下是否可以引出“好”的结果呢？那些总是回避不幸、悲叹不幸、屈服不幸的人，最终只能成为不幸的阶下囚，被不幸吞噬掉。一个人只有把生活中遭遇的不幸当作前进道路上的阶梯，才能永远感受到成功曙光的照耀。其实，人生正是在这种一高一低的跋涉中走完自己生命历程的。

乐观地面对困难，多一些快乐，少一些烦恼，你就会惊奇地发现，这不仅会使你的工作充满乐趣，还会让你获得幸福的感觉。你甚至还会发现，你自己已经变成了一个更为优秀、更为完美的人了。

你如何看待困难将完全取决于你自己的态度。在我们每一个人心中都有乐观向上的力量，它使你在黑暗中看到光明，在痛苦中看到快乐。

一只蚌最近总是感觉到身体里面有个东西在折磨着他，这使他痛苦万分。一天，他向另一只蚌哭诉："我身体里面有个圆圆的、沉重的家伙，给我的生活带来了很大的不便，我简直难以忍受了。"他的伙伴听了，庆幸地说："那你真是太不幸了，还好我的身体健全无恙啊！"这时，一只老龟听了他们的谈话，他安慰那只为痛苦所折磨的蚌说："孩子，你现在虽然痛苦，但是你却在孕育着一颗美丽的珍珠，你朋友虽然没有痛苦，但他却最终一无所有。"

生命就是在不断的历练中成长与壮大的。承受苦难、受尽磨难是成功路途中必经的历程，只有勇于承受痛苦，敢于追求上进，生命才会更有意义，也才更精彩。

在日本，有这样一则古老的故事：从前，有一个樵夫，他每天清晨便到森林里面去砍树，他的妻子则在家里收拾家务。一日，樵夫早早收工了。当他到家门口的时候，他从窗子外面看到妻子和本村的当铺老板在家里偷情。当他开门进屋的时候，清楚的看到了当铺老板钻进了柜子里面躲了起来。面对慌张的妻子，樵夫还是向往常一样走上前去拥抱了她，并且还似乎颇为兴奋地告诉她说："今天，我遇见了森林之神，他赐予了我一对千里眼。"他环视了一下屋子，告诉妻子，他发现房间的柜子里藏了一件值钱的东西，至少可以卖50个金币。并且，他快速地将柜子上锁，将它扛到当铺，向伙计出价50金币。接着，樵夫走到外头悠闲地踱步、抽水烟，让伙计慢慢考虑这笔生意。这时，柜子内闷得快要窒息的当铺老板让伙计快些付钱，好放他出来。

故事中，樵夫在非常时刻依然能够保持冷静、幽默，将自己抽离出愤怒的情绪，以一个既实际又能发泄怨气的方法来处理事情当然是十分理智的。他不但轻松地赢得了50个金币，无愧良心地报了一箭之仇，同时又证明了他的高人一筹，无须担心此事有失面子，此外，樵夫也因此可以更容易地面对或处理自己的痛苦。反观，如果樵夫在盛怒中杀了当铺老板，恐怕后果得不偿失。

夏洛特·吉尔曼在他的《一块绊脚石》中描述了一个登山的行者突然发现前方有一大块巨石挡路。他悲观失望，祈求这块巨石赶快离开，但它一动也不动。他被激怒了，他摘下帽子，抛下手杖，卸下沉重的登山包，径直向那块可恶地石头冲过去，不经意间，他就轻易地翻越了这块巨石，就好像它根本就没有存在一样轻松。

事实证明，每个人都可能遇到很严重的问题，但处理的方法可以完全不同，成天忧心忡忡能解决问题吗？解决问题的办法只垂青那些懂得怎样追求她的人。世界著名成功学家拿破仑·希尔说："有些人似乎天生就会运用积极思维，使之成为成功的原动力；而另一些人则必须学习才会使用这种动力。可是，我们发现，每个人都能够学会使用积极思维。"

积极的人像太阳，照到哪里哪里亮；消极的人像月亮，初一十五不一样。所以，当在面对困难的时候，我们就要下定决心，直面困难，而不是畏缩不前。那么，大部分困难就根本不算什么困难了。

第二章

心灵思考

奥地利著名心理学家弗洛伊德说："凡对一切有益于心理健康的事件或活动做出积极反应的人，其心理行为便是健康的。反之，就是病态的。"

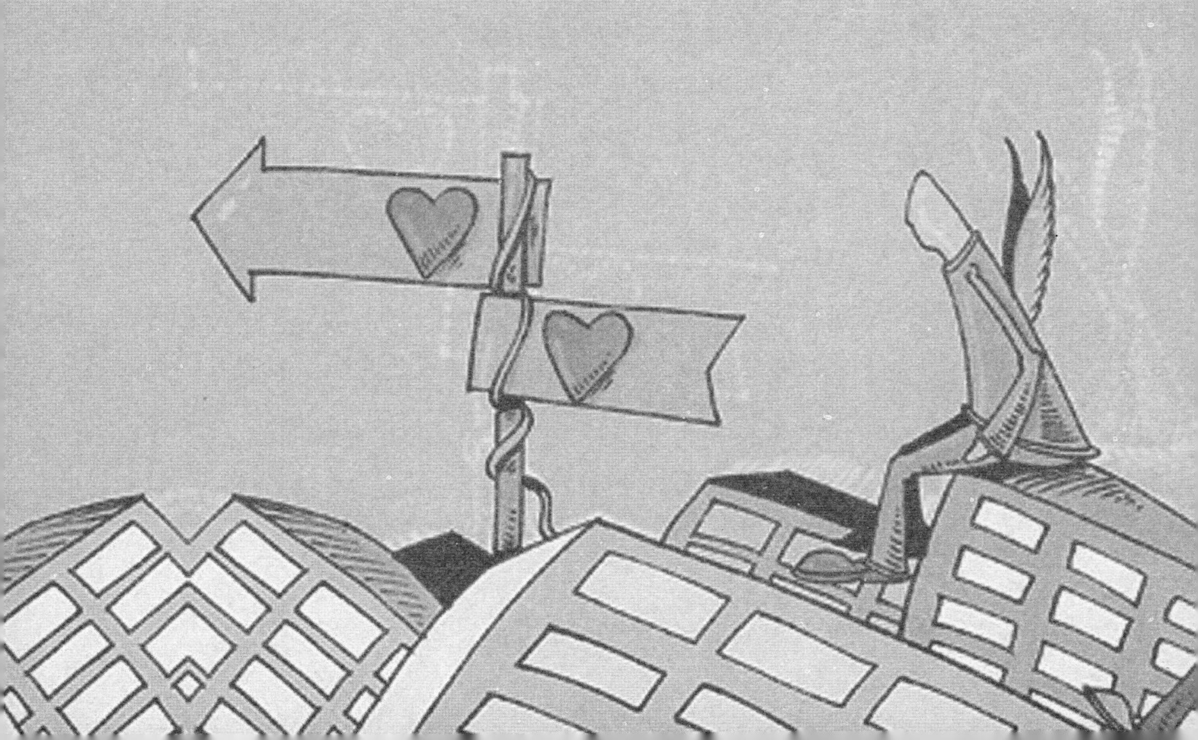

正视自己，善待自己

人家批评你的错误，那是对你的友爱和帮助，你应该自我检讨一番。果真有错误，就要切实改正；如无错误，可以解释清楚，但不要和人家争辩。

其实，我们每个人在这个世界上都有自己最合适的位置，这其中的关键是你有没有认识自己而找到属于自己的人生舞台。据说，在希腊帕尔纳索斯山南坡上的神殿柱子上面，写着这样两个词，翻译成今天的话就是："人啊，认识你自己。"古希腊人们认为这句格言就是阿波罗神的神谕，古希腊哲学家苏格拉底也最爱引用这句格言教育别人。由此可见，认识自己对我们来说有着何等重要的意义。

在古代，有一个书生向高僧求教人生的真谛。高僧指着院子中间的一块石头对书生说："你把这块石头带到集贸市场上去叫卖，但无论谁要买这块石头你都不要卖。"一天、两天，直到第三天头上，石头由无人问津到能卖到一个很好的价钱了。书生回去把这个消息告诉给高僧，请示他是否可以卖掉这块石头了。高僧却说："你把这块石头带到石器交易市场去试试看。"这里情况如同集贸市场上的一样，几天以后，石头的价格提升得很快。高僧又对书生说："你再把这块石头带到珠宝市场去卖卖看。"相同的情况又出现了，这块石头的价格很快被人们哄抬得比珠宝的价格还要贵。直到此时书生终于明白了，其实世上人与物皆如此，如果你认为自己是一个不起眼的顽石，那么你可能永远只是一块顽石；如果你坚信自己是一块无价的宝石，那么你可能就是一块宝石。这其中的区别就在于你是如何看待你自己的。

信心，是人的一种本能，是一股巨大的力量，是人生最珍贵的宝藏之一，它可以使你丢掉那些黯淡的念头，使你纵使在遭遇挫折危难的时候也有勇气去面对艰难的人生。相反，如果丧失了这种信心，则是一件非常可悲的事情。你的前途之门似乎就此关闭，你也看不见那些美好的远景，你甚至都会误以为自己已经变得不可救药了。天下没有一种力量可以和你的信心相提并论，坚持自己的理念，有信心依照计划行事的人，比一遇到挫折就放弃的人更具优势。

原一平素有日本的"推销之神"的美誉，他要求他所有的业务员，在每天早上出门之前，先在镜子前面看着自己5分钟的时间，并且对自己说："你是最棒的保险业务员，今天你就要证明这一点。"一段时间以后，业务员们发现他们的业绩确实获得了很大的提升。

正如一句名言说的好："他能够，是因为他认为自己能够；他不能够，是因为他认为自己不能够。"其实，人是为了信心——一种有深度需要的信心而生的。也许你相貌平平，也许你一无所长，也许你曾经失败过，但你也不应该自卑，也许在某方面你存在着惊人的潜力，只是你并没有发觉罢了。正视自己，更深层地挖掘潜力，相信天生我才必有用，是金子就一定会发光。你没有理由抱怨，你所遇到的困难与挫折都是命运对你的一种考验。否则失去了信心，违背了自己的本性，一切都不敢肯定，人生就没有根了。

平凡本身就是一种美，不被世间的功名利禄所累，要乐观地去面对生活中的每一天，不论快乐或悲伤。

纵观人生，事业的成功皆始于你的梦想与自信。不管你的天赋怎样高、能力怎样大、知识水平怎样高，你事业上的成就，大抵总不会高过你的自信。

一次，拿破仑看完了前线送来的紧急战报，立即下了一道手谕，命令传令兵骑着自己的坐骑火速送往前线。那个传令兵望着拿破仑那匹雄壮的坐骑及华丽的马鞍，不觉脱口说道："不，陛下，对于我这样一个普通的士兵来说，这坐骑实在是太高贵了。"

在这世界上，许多人都和这个传令兵有着同样的想法，在他们的脑海里总是以为别人所拥有的种种幸福根本就是不属于他们的，他们也不配拥有，他们自惭形秽地认为，他们甚至不能与那些大人物相提并论。但是，他们却不明白，如果他们总是这样的自卑自抑、自我抹杀，将会使自己的自信心大大减弱，同样也会大大减少自己成功的机会。试想，没有自信，成功从何而来呢？所以，有人说，自信是成功的一半。一个获得了巨大成功的人，首先是因为他自信。

当你总是在问自己：我能成功吗？这时，你还难以撷取成功的果实。当你满怀信心地对自己说：我一定能够成功！这时，人生收获的季节离你已不太遥远了。自信的人依靠自己的力量去实现目标；自卑的人则只有依赖侥幸去达到目的。自信者的失败是一种人生的悲壮，虽败犹荣。

当然，生活中对于成功的追求，我们固然是孜孜以求的。但在这个过程中，我们也不要忘记善待我们自己。

在河堤的一棵大柳树下，有三只毛毛虫商议准备过河到对岸的鲜花从中去生活。

老大说："要过河，我们必须先找到一座桥才行啊"

老二提出了反对意见："在这荒郊野外，哪里去找桥啊？还是我们自己打造一条船吧。"

老三伸伸懒腰，打了个哈欠说："两位哥哥，我们已经走了一个早上了，现在都快累得不行了，依我看咱们现在还是美美地睡上一觉再说吧。"

"什么？休息？现在？"两位哥哥都很诧异。

"我们长途跋涉一个上午不就是为了过河去采蜜么？现在眼看对岸的花蜜都快给人采光了，你竟然还想睡觉？真是太没追求了。"说完，两位哥哥叹息着离开了。

大哥要去寻找一座过河的桥，二哥则准备折一片树叶做船过河。老三躺在树阴里，在徐徐凉风的轻抚下，他渐渐进入了梦乡，甜甜的笑容浮现在他的脸上。不知过了多少时辰，他醒来后，却发现自己变成了一只美丽的蝴蝶。他只是轻轻扇动了几下他那轻盈的翅膀，就飞到了对岸。可是他的两个哥哥，一个累死在了路上，一个葬身在河水里。

马尔登说过："现在就是你重估自己的时刻——你是什么样的人?你将何去何从？现在就是你认清怎样改善生活的时刻。"所以，在你争取努力成功的同时，也不要太苛求自己，切记：急功近利只会欲速则不达。学会善待自己，让你的成功更精彩。

你的人生，你作主

有这样的一句名言："树的方向由风决定，人的方向由自己决定。"

有人曾问古希腊大儒学派创始人安提司泰尼："你从哲学中得到了什么呢？"他回答说："我发现了自己的能力。"正是这种能力的获得，使人的思想和情感有了向高尚和纯粹境界提升的可能。乔丹因身高不够曾被NBA拒之门外，但他却在NBA甘于捡球。教练不能慧眼识英才，他就自己培养自己。有人说他是一个篮球天才，他创造了NBA历史上的一个时代。其实，这种天才的特质与常人的分别仅是乔丹自己努力发掘的结果罢了。

以前，有一个年轻人生活得不尽如意，于是他便经常去街边找一些"赛半仙"求解，结果反而越来越丧失了对生活的信心。一日，他听说寺庙里来了一位很有道行的禅师，带着对命运的费解，他便急匆匆地前去拜访这位大禅师："大师，您认为这个世界上真的有命运之说吗?"

"有的。"大师微合双目轻声回答。

“噢，那我是不是命中注定要穷困一生呢？”年轻人急切地问道。禅师微微睁开了眼睛示意这个年轻人伸出他的左手，然后指着他的手心对他说：“你也来看看，这条横线叫做爱情线，这条斜线叫做事业线，另外一条竖线就是生命线。”说完禅师让这个年轻人把手握起来，紧紧地握着。继而又问：“年轻人，现在你说这几根线在哪里呢？”

“当然是在我的手里啊！”年轻人似乎更加迷惑了。

“那么你说命运呢?”

那人恍然大悟：命运原来就是掌握在自己的手里。

普通人会如此，那么饱读诗书的儒雅之士是否能够看透这个道理呢？让我们再来看看下面这个小故事：

一秀才进京赶考，在考试前几天他连续做了两个奇怪的梦：第一个梦是梦到自己在墙上种白菜；第二个梦是下雨天，他穿了蓑衣还撑着伞。秀才觉得这两个梦似乎是上天在有意给自己一些启示，于是第二天一大早便起来去找算命先生解梦。算命先生听完秀才的梦境，连拍大腿说：“我看你还是尽早回家吧。你想想，高墙上种菜不是白费劲吗？穿蓑衣打雨伞不是多此一举吗？”秀才听罢，觉得分析的很有道理，于是回店收拾包袱准备回家。店主人感到非常奇怪，便问：“公子，不是明天才考试吗，怎么今天你就要回乡了？”秀才把他的梦境和算命先生的话说给店主人听，店主人听完之后笑道：“我也会解梦，我倒觉得，你这次一定要留下来。你想想，墙上种菜不是高种吗？穿蓑衣打伞不说明你这次有备无患吗？”秀才一听，又觉得很有道理，于是重新振奋精神，参加考试，结果居然高中状元。

命运掌握在你的手里，而不是在别人的嘴里！现在你是否对这个道理有了更加深刻得理解呢？你有什么样的想法，就有什么样的未来。你人生的发展方向和生死成败，完全取决于你的人生态度，不管别人怎么跟你说，也不管“算命先生”如何给你算。

当然，我们再看看自己攥紧的拳头，你还会发现，你的“生命线”有一部分还留在外面没有被抓住，这能给你什么样的启示呢?的确，命运大部分掌握在你自己手里，但还有一部分掌握在“上天”的手里。纵览那些古往今来成大业者，他们的“奋斗”意义就在于用他们的努力去换取“上天”手里的那一部分“命运”。

假如有人问你：“你想成功吗？”相信你的答案应该不会是否定的。但如果有人问你：“你想吃苦吗？”相信对此你肯定会大摇其头。但事实上，成功却又很少有快捷方式的，我们只能脚踏实地地、一步一个脚印地前行。或许我们没有“选择出生环境的权利”，但我们绝对有“改变生活环境的权利”。当你决定自己命运的时候，一定不能把命运寄托在别人手上。“山高，我为峰！”只要你有信心、有毅力，就一定可以改变命运，让美梦成真！

纵观那些成功人士，他们大多都是从困难中走过来的。困难的存在是永恒的，逃避困难，就等于拒绝成功。困难锻炼人，困难考验人，困难也同样造就了强人。对此，我们更应该对困难表示敬畏。

当然，个人的兴趣、才能、素质也是不同的。如果你不了解这一点，没能把自己的所长利用起来，你将终会自我埋没。反之，如果你有这样的一份自知之明，善于设计自己，从事你最擅长的工作，你就终会获得成功。

著名的科普作家阿西莫夫，其实他同时也是一名自然科学家。一次在他工作的时候，一个想法突然闪现在他的脑海中："我不能成为一个第一流的科学家，那么我就成为一个第一流的科普作家吧。"于是，他几乎把全部精力放在科普创作上，终于成了当代世界最著名的科普作家；伦琴原来学的是工程科学，他在老师孔特的影响下，做了一些物理实验，逐渐体会到，这就是最适合他干的行业，后来果然成了一个有成就的物理学家。

我们每一个人都应该努力根据自己的特长来设计自己，根据自己的环境、条件、才能、素质、兴趣等，确定自己的人生方向。不要埋怨环境与条件，应努力寻找有利条件。善于观察事物，同时也要善于观察自己，了解自己，然后才会找准自己的舞台。

宽容更有力量

莎士比亚曾说过："有时，宽容比惩罚更有力量。"的确，宽容是一种美德。因为你的宽容，亲人爱护你、朋友信赖你、同事喜欢你、你周围所有的人都会欢迎你的到来。这就是宽容的力量。

英国首相丘吉尔在退出英国政坛之后，迷上了自行车运动。他每天早晨都坚持在他的农场周围骑半个小时自行车来锻炼身体。一个早上，丘吉尔像往常一样骑车徜徉在他这条熟悉的小路上。这时，一位妇女也骑着自行车从对面飞驰而来，由于刹车失灵，她竟然撞在丘吉尔的身上。气急败坏的妇女头也没抬便骂道："你这个糟老头子到底会不会骑车？你没有长眼睛么？""对不起，对不起，我还不太会骑车。"丘吉尔虽然也是摔倒在地上，但是他对这位妇女的恶言相加似乎颇不在意，反而善意地问道："看来你已经学会很久了，是不是？"言谈举止间，这位妇女察觉到这个老头似乎不大寻常，她抬起头仔细一看，上帝，他不就是伟大的前首相么！妇女羞愧万分，她低着头说："不，不是，可是您知道，我是在半分钟前才真正学会的，正是阁下您教会我的。"

宽容是壁立千仞的泰山，宽容是容纳百川的大海；深邃的天空容忍了电闪雷鸣一时的肆虐，才有了雨后的彩虹；辽阔的大海容纳了惊涛骇浪一时的猖獗，才有了烟波浩淼；苍莽的森林忍耐了弱肉强食的规律，才有了郁郁葱葱。在这里，我们当然为邱吉尔那种处变不惊的智慧而惊叹，但他那种宽以待人的风度更是值得我们佩服：宽容是一种修养，宽恕别人就是善待自己，你希望别人善待自己，你就要善待别人。

韩国总统金大中正式就职后，曾在总统府设宴招待那些曾经迫害过他的四位前任韩国总统。他用这种方式轻松化解了长久以来难以消融的政治仇恨，从而展现了他那伟大的、宽容的胸怀。纵使在轰动一时的光州大审中，他被政府判处死刑的时候，他也曾立下遗嘱，要求他的家人和同志们不要给他报仇，就让政治迫害到此为止。他那宽广的心胸和伟大的情操值得世人尊敬。

林肯总统对政敌素以宽容著称，后来终于引起一位议员的不满：“你应该消灭他们，而不应该试图和那些人交朋友。”对此，林肯微笑着回答：“当他们变成我的朋友，难道我不正是在消灭我们的敌人吗？”多么富有哲理的语言啊！林肯能够得到那么多人的尊敬和爱戴，原因也许就在于此吧。

那么，宽容是否是只有那些大人物才具有的特殊品质呢？当然不是的。紫罗兰将香气留在踩扁它的足踝上，这就是一种宽容，朴实无华。只有当一个人的内心深处爱越来越多的时候，仇恨也就会相应地减少，甚至消失。在现实生活中，有许多事情，当你打算用愤恨去实现或解决时，你不妨用宽容去试一下，或许它能帮你实现目标，解决矛盾，化干戈为玉帛。生活中，不会宽容别人的人，是不配受到别人宽容的。

小明是一个一贯不认真完成作业并经常说谎的学生，今天他又没有完成作业。面对老师的诘问，他的借口似乎已经不用再经过大脑的思考张嘴便来了："老师，我所有的笔都坏了，所以昨天的家庭作业没有写。"面对洋洋自得的小明，班主任老师压住了心中的怒气，他决定今天改变一下对他的教育方式，便和蔼地对小明说："小明，上星期你在校篮球联赛中的表现极佳，被学校授予'得分王'的称号，这可是咱们班莫大的荣誉啊！"班主任老师接着拉开抽屉取出一支精致的钢笔，亲切地说："这是老师对你的奖励，这是支新笔，班里有公共墨水，希望你能把昨天的作业补上，放学前交给我，好吗？"老师的做法令小明颇感意外，本来他已经做好了接受一番严厉批评的准备，但结果却是这样的。他默默地接过钢笔，向老师深深地鞠了一躬。此后，他对学习表现出了浓厚的兴趣，期中考试的时候，他的成绩就已经获得了大幅度的提高。

可见，"宽容"在此取得了奇妙的教育效果。一个原本顽皮甚至有点顽劣的学生因为宽容而彻底洗心革面，痛改前非了。所以，你不要把犯了错误的人当做罪犯，拿出你的耐心和爱心包容他、帮助他，要知道，宽容比惩罚更有说服力。

有一个人被他的一个朋友恶毒地侮辱为疯子，他懊恼之极。为此他找到哲学家培根向他请教该如何对待他的这个朋友。"你可以写信狠狠地骂他一顿。"培根建议道。这个年轻人立刻写了一封措辞刻薄的信，然后拿给培根看。"骂得好！"培根说。但是，当年轻人把信

叠好装进信封里时，培根却叫住他："你这是在做什么？""把这封信寄出去啊！"年轻人说。"还是不要寄出去了，写完这封信，你已经解气了，还是把它烧掉吧！"培根说。

有句谚语说：一旦发怒就把皮带转到腰后。意思是，把皮带扣转到腰后的瞬间，就是一种释放怒火的过程。你怒火满腔，那简直就是在拿别人的错误在惩罚自己，发怒常被怒火惩，你不要因怒火而迷失了心智，做出让自己后悔的事来。

宽容，说起来简单，做起来却真的不容易。人的一生难免会碰到个人利益受到他人有意或无意的侵害，此时你就必须要勇于接受这种宽容的考验，即使情感无法控制时，你也要尽一切努力控制好自己的情绪。宽容，是生活中的一门技巧，只要再宽容一点，我们的生活或许会更加美好。一个人经历一次宽容，就会获得一次人生的亮丽，就会打开一扇爱的大门。

按自己的意愿行事

在不少人的印象里，天才或成功都是先天注定的。事实上是这样的么?

实际上世界上的那些被称为天才的人，肯定要比实际上成就天才事业的人要多得多。而那些大多数的普通人之所以一事无成，就是因为他们缺少雄心勃勃、排除万难、迈向成功的动力，不敢为自己制定一个高远的奋斗目标。如果一个人缺少认定的高远目标，不管他有多么超群的能力，最终也将一事无成。所以，为自己设定一个高远的目标，按照这种意愿行事就等于达到了成功的一部分。

1969年，迪布·汤姆斯的汉堡餐厅在美国俄亥俄州成立了，他用自己女儿的名字为店起了名——温迪快餐店。

在当时，以麦当劳、肯德基、汉堡王三巨头为首的连锁快餐公司基本垄断了美国的快餐行业。在这中间，新成立的温迪快餐店只是一个名不见经传的小弟弟而已。迪布·汤姆斯毫不因为自己的小弟弟身份而气馁。他从一开始就为自己制定了一个目标，那就是赶上快餐业老大麦当劳!

20世纪80年代，美国的快餐业竞争日趋激烈。三巨头所采取的步步为营的策略使得迪布·汤姆斯的快餐厅很难有大的作为。为了吸引顾客，迪布·汤姆斯在每个汉堡上都将其牛肉分量增加零点几盎司。这一不起眼的举动为温迪赢得了不小的成功，并成为了日后与麦当劳竞争的有力武器。终于，一个与麦当劳抗衡的机会来了。

1983年，美国农业部组织了一项调查显示，麦当劳号称分量有4盎司的汉堡包肉馅从来就没超过3盎司！迪布·汤姆斯认为此事件是一个问鼎快餐业霸主地位的绝佳机会，于是他请来了著名影星克拉拉·佩乐为自己拍摄了一则后来享誉全球的广告：一个认真、喜欢挑剔的老太太，对着桌上放着的一个硕大无比的汉堡包喜笑颜开。但当她打开汉堡时，她惊奇地发现牛肉只有指甲片那么大！她先是疑惑、惊奇，继而开始大喊："牛肉在哪里？"

这则广告的播出，更加激起了美国民众对麦当劳的不满，引起了民众的广泛共鸣。迪布·汤姆斯的温迪快餐店成为了理所当然的受益者，它的支持率飙升，营业额一下子上升了18%。在这之后，凭借不懈的努力，温迪的营业额年年上升，至1990年营业额达到了37亿美元，连锁店发展到3200多家，在美国的市场份额也上升到了15%，坐上了美国快餐业的第三把交椅。

迪布·汤姆斯之所以能够取得如此巨大的成功，就在于他即使初入快餐界，面对强劲的对手也毫不退缩，而是敢于将赶超快餐界老大麦当劳作为自己的奋斗目标。为此，他以诚恳的态度对待他的每一位顾客。终于在对手陷入危机的时刻而果断崛起，成就了自己快餐界的王者地位。

齐瓦勃出生在美国的一个普通乡村家庭，家庭的贫困使他只接受了很短的学校教育。但齐瓦勃从小就雄心勃勃，他坚信自己一定能够成就一番大事业。

为此，他无时无刻不在寻找着发展的机遇。18岁时，他到钢铁大王卡内基所属的一个建筑工地打工。从踏进工地那时起，齐瓦勃就决心成为同事中最优秀的人。

建筑工地的工作是很艰辛的，每到晚上同事们大多聚在一起闲聊以消遣这一天中相对轻松的时刻，唯独齐瓦勃躲在角落里看书。有的同事嘲笑齐瓦勃是“蓝领博士”，齐瓦勃不以为然，他干脆地回答他们：“我不光是在为老板打工，更不单纯是为了赚钱，我是在为自己的梦想打工，为自己的远大前途打工”。

正是抱定着这样的信念，齐瓦勃一步步地走向了成功，从总工程师、总经理，直到成为卡内基钢铁公司的董事长。最后，齐瓦勃独自创业，经他一手建立了自己的伯利恒钢铁公司，并创下了非凡业绩。齐瓦勃的成功就是凭着自己对成功的长久梦想和实践，从而完成了一个打工者到创业者的飞跃。

所以，你的生活中必须要有一个明确的目标。有了这个明确的目标，你才能够按照自己的意愿行事。

没有目标也就没有梦想，你的生活也会因此而没有意义，你的人生也不会快乐。如果我们按照自己的意愿去追求的话，我们就会像障碍赛跑一样，为了达到这个意愿，而不惜跃过一道道关卡和障碍。你的目标正是提供了你快乐的基础，真正会让你感觉快乐的是某些能激起你全身热情的东西。这就是快乐的最大秘密——缺乏意义和目标的

生活是无法创造出持久快乐的。这就是我所说的“目标的力量”。

不要违背心的意愿行事

俄国著名生物学家巴普洛夫认为："成功要热诚而且要慢慢来。"他进一步解释说："'慢慢来'就是要求：做自己力所能及的事，在做事的过程中不断提高自己。"这也就是说，在我们做事的过程中，要选择适当的目标，既要让人有机会体验到成功的喜悦，不要给人以画饼充饥、望梅止渴的失望感觉。"跳一跳，够得着"，即人们不至于望着高不可攀的"果子"而失望，又不能让人毫不费力地轻易摘到"果子"，从而没有感到意思压力的轻松，这就是最好的目标。

有这样一个故事：很久以前，一支寻宝队伍浩浩荡荡地进山了。开始几天，人们在好奇心的促使下很轻易地度过了。但是，寻宝路途的艰险与辛苦，加之几天的辛劳仍一无所获，低糜的士气在队伍中间弥散开来，许多人开始打退堂鼓了。带队的是一位道行深厚的大师，他为了鼓舞士气以完成这次寻宝的任务，便暗施法术，幻化出一座城市，他指着对大家说："大家看，前面不远就是一座大城市！过城不远，就是宝藏所在地啦。"众人见眼前果然有座大城，便又重新鼓起勇气，振奋精神，继续前行。这样，在大师的诱导下，众人历尽千辛万苦，终于找到了珍宝，满载而归。

作为一名管理者，你是否也像上面的那位大师一样具有“化城”的本领呢？你是否也在不断地给自己的员工“化”出一个个看得见而且跳一跳就够得着的目标，进而引导你的集体不断前进呢？

曾有人说过一个关于他的朋友成功“化城”的故事。他这个朋友在某公司当经理，他刚上任时，接手的是一个乱摊子，企业连年亏损，员工士气低落。上任伊始，这位朋友就来了个“小步快跑”：给每一个分支机构定一个力所能及的月度目标，然后在全公司开展“月月赛”。每到月末，他都亲自给优胜单位授奖旗，同时下达下个月的任务。这样一来，全体员工的注意力都被吸引到努力完成当月任务上来了，没有人再去谈论公司的困境，也没人抱怨自己的任务太重。半年下来，全公司竟然扭亏为盈。如今，这家公司已经成为市内小有名气的先进企业了。由此可见，在管理工作中，只有不断给员工定出一个“篮球架”那么高的目标，让大家都能“跳一跳，够得着”，才能收到好的效果。

鲁冠球当初为了改变一辈子当农民的命运，要当工人，他一手创立了万向集团。二十年后，万向的企业目标改成了“奋斗十年加个零”（即企业利润增长10倍）；柳传志创办联想集团时，他也有两个明确的目标：一个是能养活自己，另一个是找个能干事的地方。当联想大踏步迈向国际市场的时候，联想又提出了新的做大做强的目标。个人如此，对一个企业来说也是如此。无论是万向还是联想，它们都在自己的不同发展阶段制定、调整自己“跳一跳，够得着”的目标，并在这个过程中不断地发展壮大。

美国内战结束后，法国记者马维尔去采访林肯。他问道：据我所知，上两届总统都想过废除黑奴制度，《解放黑奴宣言》也早在他们那个时期就已草就，可是他们都没拿起笔签署它。请问总统先生，他们是不是想把这一伟业留下来，给您来成就英名？林肯回答说：可能有这个意思吧。不过，如果他们知道拿起笔需要的仅是一点勇气，我想他们一定非常懊悔。

情况真的如林肯所说的那么轻松么？这还要从林肯的经历谈起：青年时期，当林肯还是一名水手得时候，他就亲眼看见了奴隶主的野蛮和黑奴所遭受的残酷折磨。也就是从那时候起，林肯就已经万分痛恨这种黑人奴隶制度了。当他当选为议员之后，他经常发表演讲，抨击奴隶制度。直到1860年，林肯当选为美国总统，他不顾重重压力，毅然签署了废奴法令，并领导南北战争取得最后的胜利。可以说，这一切都源自于林肯是按照他心中的正确的想法行事的结果。

有一位医术高明的医生，忽然有一天被告知患了癌症。这种消息对于任何人来说都不啻当头一棒，他也曾因此而情绪低落过一阵，但是他很快就接受了这个事实，并且改变了心态。现在他更加勤奋地工作，他的态度也变得更加宽容、谦和。他希望，每一天他都能挽救一个病人，他的笑容能够温暖每一个人的心。就这样，他又平安地度过了好几个年头。所以说，希望是我们的心灯，它足以照亮我们的前程，指引我们前进的方向。

适可而止，且莫贪图

有这样一个“笨”小孩，每当有人同时给他5毛和1元硬币的时候，他总是会选择那个5毛的硬币。难道是这个孩子不识数么？应该不是这样，他现在已经能够很熟练地背诵乘法口诀了。那到底是什么原因使这个孩子要做出这样的选择呢？后来在父母的耐心诱导下，孩子终于道出了实情：“如果这次我选择了一块的硬币，那么下次就不会有人跟我玩这种游戏了。”听了这个“笨”小孩的回答，你是否会叹服他的超人智慧呢？的确，如果这次他选择了1元钱，就没有人愿意继续跟他玩下去了，而他最终得到的也就只有这1元钱！但这个小孩的聪明之处就在于他每次只拿5毛钱，给人造成一种假相，于是他“笨”的越久，他得到的也就越多。

但现实生活中，那些“精明人”又是何其的多啊！做生意一次赚足，人际关系一次用完。在他们看来不拿白不拿，拿了也白拿；不吃白不吃，吃了也白吃。殊不知你这种自作聪明的贪婪，简直就是在断自己的路。你应该知晓，你的贪婪不仅损害了他人的利益，还会使他人对你的贪婪产生反感。这中间的道理其实就等同于一道简单的算术题：是10个5毛钱多，还是一个1块钱多呢？可是生活中，大多数人还是算不明白。

在海边，随着一垂钓者的渔竿一扬，一条足有一尺多长的大鱼便被甩到了岸上，围观的人们一声惊呼：好大的鱼儿！只见钓者用脚踩着大鱼，解下鱼嘴里的钓钩，顺手将鱼扔进海里。围观的人们又发出一声惊呼：这么大的鱼还不能令他满意，可见垂钓者的雄心之大。没一会工夫，钓者鱼竿又是一扬，一条一尺长的鱼儿顺着一条弧线被带到钓者的脚下，钓者只是乜斜了一眼，还是顺手扔进海里。“究竟什么样的鱼儿才能入这位高手的法眼呢？”围观的人们都在拭目以待。钓者的钓竿再次扬起，这次只见钓线末端钩着一条不过寸许的小鱼。“这条鱼儿肯定也会被放回海里的。”围观的人们都这么想着，他们甚至已经想好了钓者抛钩甩线的潇洒动作了。不料钓者却将鱼解下，小心地放回自己的鱼篓中。众人不解，就围上前去询问钓者舍大而取小的缘故。钓者笑笑回答说：“哦，即使我钓太大的鱼回去，盘子也装不下，因为我家里最大的盘子只不过有一尺长。”

回首我们经济发达的今天，像钓鱼者这样舍大取小的人真是越来越少了，反而是舍小取大的人越来越多。

当年，德国人从列宁格勒撤退以后，有一位农夫和一位商人在废墟中寻找财物。他们首先发现了一大堆未被烧焦的棉花，于是两个人就各分了一半背在自己的背上。后来，他们又发现了一些布匹，农夫马上将背上鼓鼓的棉花包扔在了地上，挑选了一些质量、花色都比较上乘的布匹背在了身上。商人见状窃喜，他将农夫所丢下的棉花和剩余的布匹统统捡了起来，重负虽然让他气喘吁吁，但是他还是不愿意扔掉其中的一样。又走了一段路，他们又发现了一些银质的餐具，农夫干脆将布匹扔掉，捡了些较好的银器用布包好背在身上。商人却因背着那些笨重的棉花包和布匹，而压得无法弯腰再去拣那些银器了。这时候，天突然下起了大雨，商人背上的棉花和布匹变得更加沉重了，饥寒交迫的他踉跄着摔倒在泥泞当中。而此时，农夫却一身轻松地赶回家了。他变卖了银餐具，过上了富足的生活。

大千世界，万千诱惑，你什么都想要，那终会累死你，该放就放，你会轻松快乐一生。贪婪的人往往很容易被事物的表面现象迷惑，甚至难以自拔，当事过境迁，后悔晚矣！

人常常因贪婪而会犯傻，什么蠢事也会干得出来。一次，一个猎人捕获了一只色彩斑斓的鸟儿，“放了我，”鸟儿说，“我将给你三条忠告。”猎人给吓了一跳，这鸟竟然会说话。“先告诉我，”猎人回答道，“我发誓我会放了你。”“做事后不要懊悔；你自己认为是不可能的就别相信；你做不到的事情就不要费力去做。”猎人依言将鸟放了。这只鸟飞起来向猎人大喊道：“你真愚蠢，我的嘴中有一颗价值连城的大珍珠，你却放了我。”猎人立刻感到后悔，想再次捕获这只放飞的鸟。他跑到树跟前并开始爬树，但是当他爬到一半的时候，掉下来并摔断了双腿。鸟儿嘲笑他：“笨蛋！我刚才告诉你一旦做了一件事情就别后悔，而你却后悔放了我。我告诉你自己认为是不可能的就别相信，而你却相信像我这么小的嘴中会有一颗很大的珍珠。我告诉你做不到的事情就不要费力去做，而你却想爬上这棵大树来抓我，结果摔断了双腿。”猎人因为过分贪婪，最终自食恶果。

世间的欲望不停地诱惑着人们追求物欲的最高享受，然而过度地追逐利益往往会使人迷失生活的方向，因此，凡事适可而止，方能把握好自己的人生方向。

简单就是自然

“如无必要，勿增实体”，这是14世纪英格兰圣方济各会修士奥卡姆·威廉的格言。他认为：“世界上只存在一个确实存在的东西，凡干扰这一具体存在的空洞的普遍性概念都是无用的累赘和废话，应当一律取消。”他的这一似乎偏激独断的思维方式，后来被人们称为“奥卡姆剃刀”。

奥卡姆剃刀的根本出发点就是一句话：把所有的烦琐累赘一刀砍掉，让事情保持简单！在他看来，对于同一现象最简单的解释往往比复杂的解释更正确；对于两个类似的方案，其中最简单的、需要最少假设的解释最有可能是最正确的，因为大自然不屑做任何多余的事。

事实证明，“奥卡姆剃刀”也是这世界上最公平的一把剃刀。无论是谁，只要他有勇气和智慧拿起这把剃刀，他就是一个成功的人。伽利略、牛顿、爱因斯坦等世界上最伟大的科学家都是在这把剃刀出鞘以后，努力的“削”去理论或客观事实上的累赘，从而“剃”出了精炼得无法再精炼的科学结论。他们的成功之路都是首先使用奥卡姆剃刀将复杂的对象剃成最简单的对象，把最复杂的事情化为最简单的定论，然后再着手问题的解决。

经过数百年的岁月，奥卡姆剃刀已被历史磨得越来越锋利了，它早已超越了原来狭窄的领域，具有了更广泛、丰富和深刻的意义。

Drugstore.com是一家美国著名的网上杂货店，他们就曾经成功地运用了这把“剃刀”。为了使人们更加适应网上购物这一新鲜事物，他们刻意拍摄了一则广告向消费者传达这样的信息：网上购物更可以为顾客节省宝贵的时间。广告中，身穿白色制服的杂货店“服务小队”成员甚至可以从壁炉中钻出，或像蜘蛛侠一样从天而降，为顾客及时递送日常生活用品。此广告完全突出了“时间”的主题，这中间没有一点无用的废话，而且故事精彩，引起了观众强烈的共鸣，从而赚大钱。

同样，通用电气公司的杰克·韦尔奇也是深得威廉的真传。在他看来：管理越少，公司情况越好。1981年，杰克·韦尔奇出任通用电气公司的总裁，他就是运用这把锐利的剃刀剪去了通用电气身上背负了很久的官僚习气，使通用能够轻装上阵，并且取得了巨大的成功：简化管理部门；加强上下级沟通，变管理为激励、引导；要求公司所有的关键决策者了解所有同样关键的实际情况……在韦尔奇神奇剃刀的剪裁下，通用保持了连续20年的辉煌战绩。

现在，你是否也对这把刀产生了强烈的兴趣呢？不要以为“奥卡姆剃刀”只是放在天才的身边，其实，它无处不在，只是有待人们把它拿在手中，并且运用它罢了。只要我们勇敢地拿起“奥卡姆剃刀”，把复杂事情简单化，你就会发现人生其实很简单，成功其实离你也并不遥远。

放飞心灵，还原本性

生活中，人们常怀有这样的一种想法：总是希望自己能够有所得，并且以为自己拥有的东西越多，自己就会越快乐。所以，在这样的意识支配下我们沿着追寻获取的道路走下去。但是，最终有一天我们发现忧郁、无聊、困惑、无奈……一切的不快乐却总是围绕在我们的身边，挥之不去。我们却依然故我，执著于那些我们渴望拥有的东西上，不知不觉中，我们已经着迷于这些事物上了。

譬如说，你爱上了一个人，而他（她）却不爱你，你的世界就微缩在对他（她）的感情上了，他（她）的一举手、一投足，都能吸引你的注意力，都能成为你快乐和痛苦的源泉。有时候，你明明知道那不是你的，却想去强求，或可能出于盲目自信，或过于相信精诚所至、金石为开，结果不断地努力，却遭来不断的挫折。有的靠缘分，有的靠机遇，有的得需要人们能以看山看水的心情来欣赏，不是自己的不强求，无法得到的就放弃。

懂得放弃才有快乐，背着包袱走路总是很辛苦。我们在生活中，时刻都在取与舍中选择，我们又总是渴望着取得，渴望着占有，常常忽略了舍弃，忽略了占有的反面——放弃。懂得了放弃的真意，才能理解“失之东隅，收之桑榆”的妙谛。懂得了放弃的真意，静观万物，体会与世界一样博大的境界，我们自然会懂得适时地有所放弃，这正是我们获得内心平衡，获得快乐的好方法。生活有时会逼迫你，不得不交出权力，不得不放走机遇，甚至不得不抛下爱情。你不可能什么都得到，生活中应该学会放弃。放弃会使你显得豁达豪爽，放弃会使你冷静主动，放弃会让你变得更智慧和更有力量。

生活中，失恋的痛楚、屈辱的仇恨、永无休止的争吵、权力、金钱、名利……这一切都源于自私的欲望，统统都应该放弃，一切恶意的念头，一切固执的观念也都应该放弃。

然而，放弃并非易事，这需要很大的勇气。面对诸多不可为之事，勇于放弃，是明智的选择。只有毫不犹豫地放弃，才能重新轻松投入新的生活，才会有新的发现和转机。生活中缺少不了放弃。大千世界，取之与弃之是相互伴随的，有所弃才有所取。人的一生是放弃和争取的矛盾统一体，潇洒地放弃不必要的名利，执著地追求自己的人生目标。学会放弃，本身就是一种淘汰，一种选择，淘汰掉自己的弱项，选择自己的强项。放弃不是不思进取，恰到好处的放弃，正是为了更好地进取，常言道：退一步，海阔天空。人生短暂，与浩瀚的历史长河相比，世间一切恩恩怨怨，功名利禄皆为短暂的一瞬。福兮祸所伏，祸兮福所倚。得意与失意，在人的一生中只是短短的一瞬。行至水穷处，坐看云起时。古今多少事，都付谈笑中。

一个老人在行驶的火车上，不小心把刚买的新鞋弄掉了一只，周围的人都为他惋惜。不料老人立即把第二只鞋从窗口扔了出去，让人大吃一惊。老人解释道："这一只鞋无论多么昂贵，对我来说也没有用了，如果有谁捡到这一双鞋，说不定还能穿呢！"显然，老人的行为已有了价值判断：与其抱残守缺，不如断然放弃。

我们都有过某种重要的东西失去的时候，且大都在心理上投下了阴影。究其原因，就是我们并没有调整心态去面对失去，没有从心理上承认失去，总是沉湎于已经不存在的东西。事实上，与其为失去的而懊恼，不如正视现实，换一个角度想问题：也许你失去的，正是他人应该得到的。

普希金在一首诗中写道："一切都是暂时的，一切都会消逝；让失去的变为可爱。"有时，失去不一定是忧伤，反而会成为一种美丽；失去不一定是损失，反倒是一种奉献。只要我们抱着积极乐观的心态，失去也会变得可爱。

其实在时下这个喧嚣的社会里，有太多的虚名浮利并不值得追逐，而往往有许多无聊的人参与到这样无休止的评奖和争论中去，发表一些自以为是的观点，可结果呢，也许一辈子也没有结果。更重要的是，这样做对你毫无意义，对你的人生也没有任何助益。千万不要自以为是，孰不知"公说公有理，婆说婆有理"。给心灵一个独处的空间吧！

宽容是生活的上乘之道

英国诗人济慈曾经说过这样一句话：“人们应该彼此容忍，每个人都有缺点，在他最薄弱的方面，每个人都能被切割捣碎。”意思就是说，我们每个人的身上都会存在着这样或那样的缺点，都可能会犯下这样或那样的错误。生活中，我们当然要竭力避免伤害他人，但对于他人无意中的冒犯和伤害，我们更应以博大的胸怀宽容对方，避免怨恨消极情绪的产生，消除人为的紧张，愈合身心的创伤。

美国第三任总统杰斐逊在就任前夕，亲自到白宫去看望昔日的竞争对手——原美国第二任总统亚当斯，他希望通过这次拜访亲自告诉亚当斯：他希望就在刚刚结束的激烈的竞选活动，不会使他们的友谊受到丝毫的影响。但是还未等杰斐逊开口，亚当斯便咆哮起来：“是你把我赶走的！是你把我赶走的！”从此，两人断交长达数年之久。直到后来，杰斐逊的一位密友去探访亚当斯，回忆起当年的这件难堪之事，这个坚强的老人深感遗憾，但最后他仍是十分真诚地说：“其实，我一直都很喜欢杰斐逊，现在仍然喜欢他。”经过这个密友在中间传话，两人中间的误会彻底消除了。后来，亚当斯写了一封书信给杰斐逊，从此两人开始了美国历史上最伟大的书信往来。亚当斯与杰斐逊从交恶到彼此宽容，为我们树立了一个光辉的榜样。这个例子生动地告诉我们，宽容是一种多么可贵的精神，人因为有了宽容则愈显人格的高尚。

一个小和尚要过独木桥，刚走几步就见到对面过来了一位挑柴的樵夫，小和尚见状便退了回来，让樵夫先过了桥。小和尚又抬步走上了独木桥，刚走到桥中央，他又遇见一个大着肚子的孕妇，小和尚还是很有礼貌地退回桥头，让孕妇先行。

这回，有了前两次的教训，小和尚不再贸然上桥了。他翘着脚尖站在桥头，一直等到桥那边的人都过来了，他才又重新上桥。可是就在小和尚马上就要过去的时候，一个推着独轮车的农夫风风火火地冲上了独木桥。这次小和尚不打算再给人让路了，因为他还有几步就可以过去了啊！可是这个农夫却似乎也没有半点退让的意思，他的独轮车更是将独木桥堵得严严实实。两人互不相让，农夫便和小和尚大声地嚷嚷起来。这时，一个老和尚来到了桥边，两人不约而同地请他评理。

老和尚看了一眼小和尚，对他说："出家人要与人为善，你怎么不给他让路呢？难道就是因为你快要到桥头了么？"

小和尚赶紧毕恭毕敬地回答："老师傅，您有所不知，在这之前我因为给别人让路已经连续退回两次了，我甚至还一直等到对岸的人们都过来了才上桥过河的。现在我马上就要过去了，可是这个人却这么不讲道理的硬要堵在这里。要是我总给别人让路，我又怎么能够过河呢？"

“那么，现在你就能过河了么？”老和尚反问他说，“既然你已经给那么多的人让路了，何必再多在乎让这一次呢？我们出家人参禅苦行到底是为了什么呢？”

小和尚顿时红了脸，无言以对。

老和尚回过头来有对农夫说：“施主，你真的那么着急过河么？”

“是啊，要是晚了的话，我车上的东西就很难卖掉了。”农夫见刚才老和尚训斥了小和尚，他赶紧继续诉苦道，“您知道，现在的日子是很艰难的，要是我卖不掉车上这些东西，晚上孩子们就要饿肚子了。”

老和尚听了，笑笑说：“既然你这么着急去赶集，你为什么不快给小和尚让路呢？你看看，只要你后退两三步就可以了，小和尚过去了，你不是也能顺利地过河了么？”

俗话说的好，退一步海阔天空。在很多的时候，让人其实也是让已。可是很多的人却并不明白这样的宽容之道。

戴尔·卡耐基在做一期电台节目时，由于工作的疏忽，使他在介绍《小妇人》的作者时竟然说错了地理位置。有一位较真儿的听众写信来把他骂得体无完肤。面对如此粗鲁无礼的指责，卡耐基还是控制住了自己。他打电话给那个听众，向他表达了诚挚的道歉。这位听众开始很是吃惊，直到最后对他变得由衷的敬佩起来。

可见，宽容是融合人际关系的催化剂，是友谊之桥的紧固剂。有了宽容，就意味着理解和通融，就有可能将敌意化解为友谊。莎士比亚说过：“不要因为你的敌人燃起一把火，你就把自己烧死。”是啊，生气是用别人的过错来惩罚你自己，除了对自己造成伤害以外，你又能得到些什么呢？所以，让我们都学会宽容吧。这样不仅有益于你的身心健康，而且有利于提高你的道德修养，于人于己都是有益的。

宽容，作为一种美德越来越受到人们的重视和青睐。在生活中，面对别人无意或有意的伤害，你大可以宽广的胸怀轻松地宽容他，这样你不仅表现出别人难以达到的襟怀，你的形象也会因此瞬间变得高大起来，你的精神也会提升到一个新的境界，你的人格更会折射出高尚的光彩。

不为小事而抓狂

在非洲大草原上，有一群很不起眼的动物，它们就是吸血蝙蝠，这种蝙蝠最爱吸食野马的血液。每当它们攻击野马的时候，常常是附在野马的一条腿上，用它们锋利无比的牙齿迅速地刺入野马的腿部，然后再用它们尖尖的嘴巴吸食血液。纵使那些受惊的野马无论如何狂奔、暴跳都甩不掉它们，吸血蝙蝠总是从容地吸附在野马的身上，一直到吸足为止。而野马大多在狂奔、暴跳的过程中倒毙在地上。面对这一情况，动物学家深感疑惑，小小的吸血蝙蝠怎么能够让庞然大物的野马毙命呢？难道是这种蝙蝠的吸血量惊人还是在它的唾液里含有剧毒的元素呢？可是经过科研人员检测发现，吸血蝙蝠所吸食的血量根本就是微不足道的，并且它所分泌的唾液也是无毒的。这一现象真是让人费解。后来动物学家们经过长期的观察，终于发现了其中的奥秘：原来，野马的死亡完全是由于它暴躁的习性所致，当它受到吸血蝙蝠的袭扰就暴躁起来，它那狂奔、暴跳的方式更是耗尽了它所有的体力，最终力竭而亡。

所以说，只有那些心智成熟的人，才懂得控制住自己的情绪和行

为，才不会像那匹暴躁的野马那样，仅仅为了那样一点点小事而烦躁不堪，结果却付出了巨大的代价，甚至最终把自己送上死路。因此，我们要学会控制自己的情绪，不为一点小事而抓狂，只有这样才能真正赋予自己内心的那份宁静。

洛克菲勒在一次长途旅行时，途经一个小火车站，他便下车到月台上走走，顺便呼吸下新鲜的空气。这时，旁边的另一列列车汽笛已经拉响了。一个胖太太风风火火地提着一个很大的箱子冲上月台，显然她是要赶这班列车，可箱子太笨重了，累得她呼呼直喘。胖太太一下看到了月台上散步的洛克菲勒，便随口喊道："老头儿！老头儿！给我提一下箱子，我会给你小费的。"原来，洛克菲勒简朴的衣着，上面甚至还沾了不少尘土，胖太太把他当作车站的搬运工了。洛克菲勒听了并没有多想，立刻过去拎起了胖太太的箱子，帮她送上了火车。胖太太抹了一把脸上的汗珠，庆幸地说："还真多亏你，不然我非误车不可。"说着，她掏出一美元硬币按在洛克菲勒的手上，"这是赏给你的。"这时，列车长走了过来，一眼就认出了洛克菲勒，他热情地说："你好！洛克菲勒先生，欢迎你乘坐本次列车，请问我能为你做点什么吗?""啊！洛克菲勒！上帝呀！"胖太太惊呼起来，"我这是在干什么事呀！我竟让鼎鼎大名的石油大王洛克菲勒先生给我提箱子，居然还给了他一美元小费。"她惶恐地对洛克菲勒解释说："洛克菲勒先生！请您看在上帝面儿上，别计较我刚才所做的！还请您把刚才那一美元硬币还给我吧，我怎么会给您一美元的小费呢，这多不好意思！""太太，你不必道歉，"洛克菲勒微笑着说："你根本没做错什么，这一美元是我的劳动所得，所以我得收下。"

说着，洛克菲勒把那一美元郑重地放在了口袋里，并且用手拍了一下外衣的口袋。列车缓缓开动，洛克菲勒微笑着目送那位惶惑不安的女士消失在他的视野内。

其实，真正的大人物，就是像洛克菲勒那样虽然身在高位仍然懂得如何去做平常人的人，真正的大人物，从来都是和平常人站在一起的人。那么在平常的日子里，我们这些“小人物”在面对生活中的小事时又是如何面对的呢?

乔治和吉姆是邻居，但他们相处得并不和睦，至于为什么，连他们自己也说不清楚，他们只知道不喜欢对方。所以，纵使在街上撞了个满怀，他们之间除了口角大多连个招呼也不打。

有一次，乔治一家外出度假。一天傍晚吉姆在自家院子除过草后，无意中注意到乔治家的草已很高了，特别是在自己家草坪的对比下，乔治家的草显得更荒了。吉姆想，这在外人看来，就意味着这家人不在家，而且已离开很久了，这样是很容易招引盗贼的。连吉姆自己也说不清楚自己当时到底是怎么想的，但是最终他还是帮乔治把他家的那片长得已经很疯的草地除好了。

几天过后，乔治一家度假回来了，他望着院子中间整齐的草地，他想他必须要对这个主动帮他除草的人道谢才行。直到乔治走遍了整条街道才打听到是他的邻居吉姆帮他除草的。这真是太出乎他的意料了，但是道谢还是必须的，乔治甚至是鼓足了勇气才走到了吉姆的家门口……就这样，两家人之间长久的沉默被彻底打破了。

类似这样的事情，在我们的生活中应该是再平常不过了吧?

很多人都会有这样的情绪，他们总是会因为一些微不足道的小

事而抓狂。有一个故事说，一个渔夫提着网去打鱼，结果刚到海边就下起雨来，渔夫赌气把网撕破了，结果撕破的网绊在脚下使他掉到了海里，再也没有爬上来。其实事情很简单，不能打鱼等天晴再打就是了。你必须要知道的是，在这世界上，没有一种胜利比战胜自己的情感更伟大了，因为这是一种意志的胜利。即使当情感影响你的时候，也要控制它的发展蔓延，不要让他影响你的行为，这才是你主宰自己命运的捷径。因此，你只有学会控制自己的情绪，才能成为真正的胜利者。

第三章

生命是花爱是蜜

“关关雎鸠，在河之洲。窈窕淑女，君子好逑。”爱情，一个多么美好、纯洁的字眼啊！爱情，仿佛一首美妙的协奏曲，在动人时刻悄然而至。它给青年人带来热烈的追求，给老年人带来幸福的回忆，给整个人类的生活带来五光十色的迷幻色彩。

没人不需要爱

1942年的寒冬，在纳粹的集中营里，一次极其偶然的放风机会，他和她不期而遇了。也许是上帝的特殊安排，他们竟然在这种情形下相爱了。特殊的环境，使得他们没有更多的时间花前月下，他们只能趁放风的机会在一起呆一小会儿，说几句话。然而，这样的日子也没有持续多长时间，后来他被转移到了另外一个集中营去。二战爆发后，他的所有亲人都离他而去，在这段艰难的日子里，她的音容笑貌就是支撑他继续生存下去的唯一理由。直到1957年，他们奇迹般地在美国相遇……他们紧紧地拥抱在一起。

在这世界上，始终有一种力量会让我们深深地感动着，甚至让我们泪流满面，这就是爱。让你心中的爱澎湃起来吧！只有这样，我们对生活才会抱着满腔的希望和热情。

在英国，有一对恩爱的小夫妻还有他们刚满两岁天真可爱的孩子组成了一个幸福的家庭，和天下所有的幸福家庭一样，这个三口之家也总是沉浸在其乐融融的欢快的氛围中。一天早晨，丈夫像往常一样准备出门上班，他看到在桌子上有一瓶药水打开了，不过因为赶时间，他只是大声地告诉妻子要赶快把药瓶收起来。妻子此时正在厨房忙得团团转，还未等她把药瓶收起来，他们的儿子就已经好奇地把这瓶药水一下子吞到了肚子里面。惊惶失措的妻子马上将孩子送到了医院，但是由于孩子服食了过量的药物，医生也返魂乏术了。妻子被这个结果惊呆了，面对着风风火火赶来的丈夫，妻子一下子瘫坐在了地上。得知噩耗的丈夫望着地上瑟瑟发抖的妻子，他一下将她拥到怀里，轻声的对她说："I love you，darling."

在这里，我们不仅要对这个丈夫近乎天才的表现敬佩不已。毕竟，丧子之痛是一般人所难以忍受的。但是，这个伟大的丈夫之所以不同寻常就在于他已经意识到了，儿子的死已成事实。纵使再像寻常人那样又吵又骂又能有什么用呢？那只会使本已经近乎绝望的妻子更加地伤心罢了。更何况不只他失去儿子，妻子也同样失去了儿子。

所以，在生活中，当你不得不去面对那些不幸的事情的时候，你尽可放下仇恨和惧怕，要知道逝者不返，勇敢地放下，或许事情的境况并不如想象中那么坏呢。

你自己选择什么方式去面对，又怎么去面对未来以及周边的人、事、物，这一切都由你自己决定！

大家都知道，诸葛亮年轻的时候，因为爱慕黄氏之女的品德和才能，不因其貌丑、肤黑、发黄而娶其为妻。两人的婚后生活十分美满，这对于诸葛亮事业的成功无疑是个重要的因素。相对而言，俄国大诗人普希金则由于过分追求美貌，虽然娶了莫斯科第一美人为妻，但是这个不贤的女人只会吃喝玩乐，到处卖弄风骚。普希金不甘忍受屈辱，结果在决斗中丧生。

所以说，轰轰烈烈的爱情固然让人如痴如醉，刻骨铭心。但是真实简单的爱情则让人心满意足，终生难忘。我们平凡的生活所需要的，仅仅是后者罢了。

有这样一对平凡的小夫妻：妻子从来不吃葱和蒜，但是在每天晚上的餐桌上都会有一碟辣椒、姜丝拌蒜泥，因为这是丈夫喜欢吃的，所以她也很乐意去做这道菜。丈夫从来也不进厨房，但只要一看到妻子将所有的饭菜都收拾到餐桌上，便会不由自主地斟上小半杯红酒递给妻子，说声“你辛苦了”，然后再尽情地享受桌上的美味佳肴，妻子则独自慢慢地品尝着杯中美酒。当然，他们也曾有过争执和矛盾，但双方都是用爱来化解自己的怨愤与不满。现在，他每天饭前还是习惯为她斟上一杯红酒，而她仍是乐于给他烹制他所喜欢的那道菜肴。这就是他们的爱情，就像他们餐桌上的菜肴和那小半杯美酒一样，平淡而有滋味。

生活中，学会爱人，学会懂得爱情，学会做一个幸福的人。

爱要让你爱的人知道

“关关雎鸠，在河之洲。窈窕淑女，君子好逑。求之不得，寤寐思服。悠哉悠哉，辗转反侧。”在这首古老的爱情诗里，描述了一对青年男女悄悄相爱，却又苦于不知该如何表达的苦闷。古代如此，现代生活已经开放了许多，可是生活中仍有很多青年深受这个问题的困扰。当他们面对爱情的来临，既羞于向人求教，更恐“落花有意，流水无情”，只好自己着急、苦恼。其实，你如果想要享受爱情甜美的果实，你就要大胆地去表达。只有表达，才会让别人知晓你心中的想法。如果心中有爱却“羞颜难开”，终归会让爱神与你擦肩而过。

王子，人如其名，是个帅气的小伙子，在他身边也有很多的女孩子非常喜欢他，但他却对公司里的一位漂亮女孩情有独钟，只是一直没有机会表达爱意。终于有一天，他鼓起勇气走到女孩的跟前，但话刚到嘴边，又突然泄了气。为此，他夜夜辗转难眠。

相信在生活中，像王子这样在面对爱情时不知所措的人还是有很多的。弗洛姆在《爱的艺术》一书中指出：“爱，不是一种本能，而是一种能力，可经有效的学习而获得。”

正当王子在为自己的爱情而痛苦不堪的时候，一个更重的打击降临了：那个漂亮的女孩已经“名花有主”了，她的那个男友在王子眼中充其量不过是一只“青蛙”而已。但就是这只不起眼的“青蛙”彻底领悟到了弗洛姆的“爱的艺术”，他也因此锁定了那个漂亮女孩子的爱。诚然，全公司上下都不禁发出这样的慨叹：“唉，一朵鲜花插在牛粪上。”

确实，在现实生活里，我们常见不少漂亮女孩找了个相貌平平的男朋友。于是像王子这样的“帅哥”们就会感到惋惜，认为不般配。他们总也想不通这样的一个道理：为什么这个平常的男人竟能赢得如此美丽女孩的芳心呢?

答案其实也很简单。一般来说，女孩子择友时基本会将身边的男孩一个个地排队，仪表当然是首选的，但女孩子在青春期架子大，爱摆谱。如此一来，那些能够以发自内心的关爱对其侍奉，愿捧女孩的小伙子在她心目中的印象就自然提高了，说不定也能锁住她的芳心。但那些仪表堂堂的小伙子就做不到这一点，他们自视身价不低，怎么可以屈尊呢?因此，即使漂亮的女孩起初也曾被其外表打动过，但从长远考虑，她们还是愿意选择一个对自己呵护倍至的男士作为男友。

读懂了女孩的心思，这下所有的“王子”们应该明白了吧：当你爱上她时，一定要“爱她在心口就开”，不然的话，最终也只能是这样的结局：爱人结婚了——新郎不是你。

伟大的无产阶级革命导师马克思在面对爱情时，表现也是非常勇敢的。当他做出了这个决定，他很直白地对燕妮说：“燕妮，我已经爱上了一个人，而且决定向她表白爱情。”而此时的燕妮心里一直爱恋着马克思，她不由急切地问：“你真的爱她吗？”“爱她，她是我所遇见过的姑娘中最好的一个，我将永远从心底爱她！”燕妮强忍感情，平静地说：“祝你幸福！”马克思风趣地说：“我身边还带着她的照片哩，你想看看吗？”说着递给燕妮一只精致的小匣子，燕妮惴惴不安地打开后，看到的是一面小镜子，镜子里的“照片”正是燕妮本人。就是通过这样一种独特的爱情表达方式，马克思和燕妮之间实现了爱的转折，将爱情推向一个新的深度。

马克思曾经说过：“在我看来，真正的爱情是表现在恋人对他的偶像采取含蓄、谦恭甚至羞涩的态度。”所以，当你爱上某个人的时候，千万别错过机会，勇敢地射出你的丘比特之箭吧！你要把对方看作天空中的白云，而你就是那空中无孔不入的风，永远地追着你所恋的人跑。别让你的幸福因为你的怯懦，从身边悄悄地流走。

非常爱，非常唠叨吗

李兰·法斯特·德在他所著的《在家庭中共同成长》一书中有这样的评论："要想婚姻成功，不仅是要找对了对象，而且自己也要成为一个好的对象。"卡耐基也认为，在夫妻生活中，应当特别警惕一些对夫妻关系起破坏作用的因素，他首先谈到了唠叨问题。

托尔斯泰是19世俄国最伟大的作家，他出身名门望族，两本巨著《战争与和平》和《安娜·卡列尼娜》更是奠定了他在世界文学史上的地位。就是这样一个大文豪，他的婚后生活似乎也是完美的、甜蜜的。然而伴随着托尔斯泰思想的逐渐成熟，他献身于宣传和平及废除战争和贫穷的事业上。面对社会上的种种矛盾，他苦于找不到消灭社会罪恶的途径，他只能奔走呼号人们按照"永恒的宗教真理"生活。他试着完全遵循耶稣所说的话，把自己的产业送给别人，自己却过着穷苦的生活：他自己在田地上耕作，砍柴除草，自己做鞋、扫地、用木碗吃饭，甚至试着去爱他的敌人。

对此，他的夫人却极看不惯他的这种近乎"傻瓜"的做法，她喜爱奢华、热爱名声和社会赞誉，但这些虚浮的事情对托尔斯泰来说却是毫无意义的，声誉和私人财产在他的眼里绝对是罪恶的事情。正是怀着这种想法，托尔斯泰多年以来一直坚持把他的著作版权一分不要地送给别人。这下他的夫人完全不能忍受了，她唠叨着、责骂着、哭闹着，以及没完没了地纠缠他去拿回那些书所能赚到的钱。更出格的是，她有时候还干脆不顾及自己的身份像个泼妇一样在地上打滚，或拿起一瓶鸦片，甚至还干脆坐到院子中间的水井边沿以死要挟。

这种唠叨声不绝于耳的生活一直延续到托尔斯泰８２岁的时候，他终于再也不能忍受家里的那种悲惨情形了。在1910年10月，一个满天飞雪的夜晚，他逃离了这个爱唠叨的老太婆。11天以后，托尔斯泰因肺炎未能及时入院就医，一代文学大家就是在这样一处苍凉的火车站里走完了他的人生之路。但他在临终前甚至还要求，不许那个爱唠叨的老太婆再次来到他的身边。

林肯一生的悲剧，也是源于他不幸的婚姻。在家里，林肯总是得不到片刻的安宁，他的夫人总是在唠叨着他，骚扰着他。似乎只要一见到林肯，她就习惯性地抱怨这，抱怨那：她抱怨他走路没有弹性，姿态不够优雅；抱怨他的两只大耳朵，成直角地长在头上的样子；她甚至还说他鼻子不直、嘴唇太突出、手和脚太大、头太小等。简直在她眼里，丈夫的一切从来就没有对的。

在一次家庭聚会上，仅仅因为一件小事，这位性格暴躁的太太干脆把一杯热咖啡泼在林肯的脸上，即使当时还有许多其他的客人也在场。

面对这桩不幸的婚姻，林肯尽量地避免和她在一起。在他作为律师的那段时间里，他总是随着巡回法庭留在外面，而不愿回家。乡下旅馆的情况是很艰苦的，尽管如此，他宁愿留在旅馆里，也不愿回家去听他太太的唠叨和受她暴躁脾气的折磨。

可以说，在这个世界上，几乎所有的男人都讨厌女人的唠叨，让他们怎么也想不通的是，为什么面对同一件小事，女人们总是那么热衷于无休止地翻来覆去呢？可是女人却从来也没有意识到自己是这样的唠叨，在她们看来她们只是说了她们应该说的话而已，至于为何翻来覆去那也是由于男人们并没有把她们的话听进耳朵里罢了。所以，唠叨便堂而皇之地存在于这世界上，继续折磨着那些心力交瘁的男人们。

她们其实真的不明白，唠叨其实是地狱中的魔鬼为了破坏人类的爱情而发明的恶毒办法。唠叨就像眼镜蛇一样，只要咬在人的身上，总是具有巨大的破坏性，甚至是致人于死命的。因为爱唠叨，林肯夫人和托尔斯泰夫人自食恶果，她们的所作所为带给生活的只能是无尽的烦恼和忧伤，她们毁坏了一切原本属于她们的最珍贵的东西。

卡尔·劳伦斯在旧金山家务关系法庭任职十余年，他曾经亲自审理了上千件的遗弃案子，他认为男人放弃家庭的主要原因之一就是他们的太太总是唠叨个没完，许多太太们就是在不停的唠叨过程中不知不觉地慢慢自掘婚姻的坟墓。因此，如果你要维护家庭生活的幸福快乐，请记住：绝对、绝对不可以再唠叨了。

为爱负责

爱情，一个多么美好的字眼！然而，爱情又不是纯“蜜糖”做的，它也有酸、苦、辣、涩在其中。生活中，爱情既可以给人带来愉悦的幸福感，又可以使人痛苦不堪；既可以给人带来欢乐，又可以给人带来忧愁。因此，如何正确认识爱情，处理好爱情与其他方面的关系，是每个人都必须严肃认真对待的一件大事。

在人生道路上，谁都要走过恋爱这座桥梁。无论是男人还是女人，都没有理由不去认真对待自己的爱情，并全身心地为自己的爱人付出一切。所以这要求我们必须要把握正确的爱情观，把工作、学习放在第一位，将爱情变为一种相互促进的动力，刻苦学习、积极工作、彼此鼓舞、互相帮助、共同进步，在人生的道路上携手前进。如果只把自己局限在“卿卿我我”的小圈子里，胸无大志、目光短浅、没有进取心、把爱情看得高于一切，这样势必沦为“平庸之辈”，被时代所淘汰。作为一个男人，更要扮演好自己在爱情中的角色，绝不能将爱情视为儿戏，只有你懂得了自己在爱情中所必须担当的责任，你才能真正体现出男子汉的魅力和风度。

谈到了爱，就不能缺少“浪漫”这个词，实际上，爱缺少了浪漫就真的会变得干涩不堪了。

法国男人似乎一向都被传为这个世界上最为浪漫的男人，事实上法国男人似乎也天生多了几分浪漫的情趣。即使在对女人穿戴的衣帽表示赞美的这件小事上，法国男人一般也不是只赞美一次，而是在一个晚上赞美好几次。法国男人为什么都会这么做呢？这其中一定有他们的道理。

下面的这个故事似乎都有些老套了，它已经在这世间被千百遍地演绎着：当他和她结婚的时候，家徒四壁，甚至于他们的双人床都是临时拼凑而成的。然而，她却倾其所有买了一盏漂亮的灯挂在屋子中间。在这以后，每当夜幕降临，都是这盏灯的明亮灯光引领着他回家的路。日子就这样一天天地过去，他们的生活也逐渐好起来，他们搬进了宽敞明亮的大房子。他也像所有有钱的男人一样，先是招聘了一个漂亮的女秘书，继而又把她变成了自己的情人。

在他生日的这一天，他的情人送给他一款名贵的瑞士腕表，他随手把它放到了一边，这种东西对他来说已经造成不了多大的冲击了。直到夜半十分，他才想起妻子的叮嘱，赶忙开车往家赶。远远的，那片熟悉的灯光便映入了他的眼帘，那种久违了的亲切感油然而生，当初就是这样的灯光引领着他回家的路。最终，他再次选择了妻子，放弃了情人。因为他彻底明白了，爱就是那盏灯，那是一个女人从心底深处用一生的爱点燃的。

俄国伟大的小说家屠格涅夫曾经说过：“如果在某个地方有某个女人对我过了吃晚饭的时间还没有回家抱着十分关心的态度，我宁愿放弃我所有的天才和所有的著作。”在卡耐基的剪报之中，也有这样的一个故事，颇有异曲同工之妙：一个丈夫干了一整天的活儿后回家坐在餐桌前准备吃晚饭，却见他的妻子在他的面前放了一大堆牧草。丈夫立刻咆哮起来，他愤怒地质问妻子：“你是不是发疯了？拿牧草到桌子上来做什么？”妻子静静地说：“我已经为你煮了二十年的饭了，一直就没有听到你说过什么话，我怎么晓得你会注意到自己吃的是什么东西？我哪里知道你会不会连牧草也能吃呢？”

或许，我们真的已经习惯于太太每天精心准备的美好晚餐了，以至于我们对此都已经麻木不仁了。这真是很不应该的。其实在遥远的大沙皇时代，俄国上流社会中就有这样一个习惯，每当他们享受了一顿美好的晚餐以后，就一定要把大厨师请出来，当面加以夸奖。在现代文明的社会里，你为什么不能对你太太这样做呢？就在下次，对她精心准备的菜肴不要再吝惜你的赞誉之辞，让她知道你非常欣赏她的手艺，尽你所能地为那个小女人喝彩一番。假如你真那样做的话，你就会让她知道，她对于你的幸福快乐占有至关重要的地位，她也会因此而更加爱你。

一代文豪马克·吐温不仅文章写得好，在爱情上更是一位高手，他常常把写有“我爱你”、“我非常喜欢你”的小纸条压在花瓶下，给妻子一份意外的惊喜。这种习惯伴随他的一生。可见，甜言蜜语绝非多此一举，而是恋人们增进情感的一种良好途径。

鲜花，自古以来就被认为是爱的语言。其实，鲜花根本不必花费你多少金钱，尤其是在花季的时候更为便宜，而且街头巷尾就有人兜售。但是从丈夫选购鲜花数量少之又少的情况来看，国人似乎还没有养成这种习惯，他们或许会认为它们真的像兰花那样名贵，或像长在阿尔卑斯山高入云霄的峭壁上的薄云草那样难以买得到吧。为什么你非要等到你的太太生病住院，你才想起为她献上一束鲜花呢？你为什么不在今天晚上下班回家的途中就为她选购一束玫瑰呢？

爱，不是一味付出

关于爱情，我们有太多的误解。其实，爱情正如一只航行在水面上的小船，恋爱中的男女也正是这艘小船的双桨，只有当他们共同协力划起双桨的时候，小船才会很顺利地沿着确定的方向航行。如果小船只是依靠一只船桨的话，那么这只小船大多只会在原地打转转，甚至还会偏离既定的航向。由此可见，生活中的恋人或是夫妻之间都不能过多地依赖对方，要努力挥动自己的爱情之桨，搏击出自己的幸福生活。

爱情之所以为爱情，正因为双方有爱又有情，而爱与情的体现就必须是付出！因此只有付出才会有真正的爱情！爱情其实就是双方的一种付出，双方愿意为对方付出的越多，他们的爱情越浪漫也越长久牢固。所以，你爱他，愿意为他做一切可以做的事情。然而，这种奉献应当是双方的，以不损害个人的快乐和健康为前提。

爱情，首先是利己的，然后才是利他人的。有的人在爱情中处于被动，不敢付出而一味地接受，如果总是这样下去，相信他们的爱情是不会长久的，总有一天会灰飞湮灭。聪明的女人，懂得爱惜自己，

懂得如何适时地奉献，如何适时地索取。但我们在生活当中，女性往往被认为是一个爱情的完全奉献者的角色，其实，这还是根深蒂固的传统观念在作怪。

其实爱也是要索取的，特别是对于一个女人来说，当她把一生的爱都给了自己心爱的男人时，他们有的却不知道珍惜，任意去挥霍这份爱情，也许是这份爱来的太过于容易才会让他们觉得没有珍惜的价值。

对于一个女人来说，她对男人的索取有时也是一种爱的表现，这种索取和物质的富裕关系不大，关键在于怎样去做，不宽裕的时候我们可以降低物质的索取，但不能降低爱的索取，无论你在生活中扮演妻子或是情人的角色，都应该去争取属于自己的那份爱，不管是在精神上还是物质上都让对方满足他的虚荣心，有时候男人需要这种自信心。

当你把爱全部投入到一个人身上的时候，希望被对方在乎和注意在精神上想自己成为对方心中的唯一，可事实上，我们谁也不可能是谁的唯一。我们永远也左右不了别人的想法，我们只能决定自己是爱还是不爱。但爱不是简单的事情，我们总是在错误的时间里遇见感觉对的人，相信如果最初选择的是这个人，你也许会在多年以后遇见自己觉得对的人，人就是这样的，那些没有得到的永远都是最好的。其实最好的一直就在你身边，只因为在身边就忽略了对方的存在，总是拿他的缺点去和别人的优点比较，结果发现怎么都是别人比自己的好。可人们却忘记当初你选择的人，也是于千万人中挑选出来的啊！

一对热恋中的男女，他们一同去看詹姆斯·卡梅隆导演的《铁达尼号》。片子看完了，女孩子对片子最后男主人公沉入海底的镜头感到很震撼。她流泪了，她问爱人，这是不是爱的最高境界？爱人笑了笑，没有回答。但她能够觉察出，他一定知道还有一种更高境界的爱。

后来，两人结婚了，他们养成了相拥而眠的习惯。无论睡梦中变化了怎样的姿势，无论他们为了什么事互不理睬，第二天清晨醒来，她总是在他怀里。这让他们都觉得自己很幸福。

再后来，他们之间发生了一些事，甚至到了分手的地步，然后背对背睡下了。第二天早晨醒来时，他们发现又习惯性地相拥在一起……

爱情，平淡的生活是否会淹没这份情感的激情呢？当你能够意识到，让爱人幸福的爱是真正的爱，经得起平淡的流年的爱是最高境界的爱时，你就已经领悟到了这世界上爱的真谛。

感情上的付出没有谁多谁少，因为相爱时都是自己心甘情愿去付出而且不图任何的回报。可有时当我们蓦然回首间，却发现自己一味地付出并没有回报，那是因为对方根本就不爱你，如果爱的话再忙也会将你放在心上，会关心你为他做任何事情。不爱，他心里就没有你，因而不会在乎你的一切。因此，对于爱情我们一定不要盲目，不要指望从不爱你的人身上去索取爱。爱不是单方面的奉献，还是让我们只爱爱我们的人吧！

我的一位同事，新婚伊始对老婆疼爱有加，不管工作多累、多重，每天回家烧饭、洗碗，包揽一切家务后还为老婆削一个苹果，搂她入怀一声低语：亲爱的，让你等久了。有一次加班到十点，这位仁兄一跳而起，糟糕，我老婆还没吃晚饭！在同事们目瞪口呆中以百米冲刺的速度去履行义务。但是，一年以后，这位仁兄坦陈：我们过不下去了，我活得真的很累！

如果，你始终认为付出是一种幸福，那至少说明你有爱的能力，你有爱的对象，你也有爱的勇气。但是，爱情又是一种非常脆弱的东西，它需要的就是双方不断地付出，不断地得到。那样，爱情在两人之间也就能自然而然地长久下去，直到永远。你要想抓住爱情，请勇敢地付出，同时也要勇敢地索取。

爱到尽头，优雅地放手

爱情的温度总是在最初阶段达到最高点，之后便在时间的冲洗中慢慢冷却，有的甚至到达分道扬镳的地步，抑或同床异梦，抑或分居离婚。当旧梦不能重现，当爱情火花彻底熄灭，无法再回到从前，分手也就势在必然了。在这里，我们就先来看下面的一则小故事吧：

非洲人用一种奇特的方法捕捉猴子：他们先在一个固定的小木盒里面，装上猴子爱吃的坚果，盒子上开一个小口，刚好够猴子的前爪伸进去，猴子一旦抓住坚果，爪子就抽不出来了，人们常常用这种方法捉到猴子。猴子因为不肯放下“已经到手”的东西反而被人们捉住。在现实生活中，审视一下我们自己，你也许就会发现，其实并不是只有猴子才会犯这样的错误：我们总是一直在坚持着某个破碎的梦想，直到梦想变得沉重；坚持着某段走调的关系，直到无力再去维系；紧抱着各种期望、恐惧和桎梏，直到再也承受不住任何压力。此时，我们应该大声对自己说：“够了！得不到就要勇于放手。”

生命如舟，你的生命之舟能够载动几多的物欲和虚荣呢？干脆、果断地放下你手上的那些“坚果”吧！记住：放下不等同放弃，而是

另一种积极地旁观与等待。

一个小伙子走进一家礼品店，他冷冰冰的目光在店中搜寻着，最后落在柜台里面一只绿色的玻璃龟身上。他招呼店员小姐取出玻璃龟，青年人眯起眼睛慢慢地欣赏着，一丝尴尬且得意的笑容浮现在他的脸上，他不禁自言自语道："把它作为结婚礼物实在是再好不过了。"青年人的脸兴奋得似乎有点扭曲，两眼灼灼放光。

店员小姐一直在细心地观察着这个奇怪的年轻人，她对他自言自语的那句话更是感到极大的震惊，她知道要是这只绿色的玻璃龟出现在婚礼上，必将会引起极大的不悦。所以，在包装的时候，店员小姐趁机将一个水晶玻璃心放进了包装盒。青年人拿着这份他"精心"准备的礼物像战士出征一样去参加他以前女友的婚礼了，他眼前似乎都已经看到了新郎见到这个礼物那暴跳如雷的模样……

婚礼第二天晚上，他果真接到了以前女友的电话："我代表我的先生感谢你参加我们的婚礼，尤其是你的礼物，我的先生更是爱不释手……"第二天，青年人早早地来到了礼品店，当他看到那只绿色玻璃龟还是好好地摆在柜台里的那一刻，他彻底明白了……

爱是什么？爱是宽容、爱是大度、爱是仁慈、爱是真诚，即使你正处于失恋当中，爱也要永驻在你的心中，失恋但不能失态。

故事中的那个青年因为女店员的细心而没有继续滑向可怕的深渊，结果他不但赢得了新郎新娘的尊重，而且自己的思想也获得了进一步的提升。试想，纵使那只绿色的玻璃龟真的出现在婚礼现场上，除了给双方徒增烦恼还能有什么益处呢？

在电影《卧虎藏龙》里李慕白对师妹曾说过这样一句话："把

手握紧，什么都没有，但把手张开就可以拥有一切。”这句话就是告诫我们，当我们要放手时就要放手，不要因为眼前的一些利益或者虚名而紧抓不放，这样不仅浪费了我们的时间，同样也浪费了我们的生命。

2006年9月9日晚9点，在北京师范大学生命科学学院南门外，内蒙古大学计算机学院的研究生贾树林用菜刀将途经此处的杜某——其女友，砍成重伤，不治身亡。血案发生后，贾树林刎颈自杀，但被送往医院后救活。

那么是什么原因导致了这场血案的发生呢？据贾某交代，他和杜某相恋后，始终怀疑杜某有过“不忠行为”，杜某后来提出分手，并换了手机号码来到北京新东方学习英语，准备以此摆脱贾树林的纠缠。对此，贾树林恼羞成怒。就在血案发生前不久，贾树林根据杜某回复的电子邮件，查到了杜某发电子邮件时的IP地址，据此他找到了杜某的住址，便拿了一把菜刀千里追踪到北京而导致了血腥的一幕。

就像每一朵开过的花并不是都能结果一样，对于爱情，当你苦苦地等待，痴痴地守候，最终却发现这不过是竹篮打水一场空的时候，你就要学会放手。对待爱情，当你爱一个人而得不到任何回报的时候，你就真的没有任何必要再和自己较劲了。你完全可以大声地告诉你自己，天涯何处无芳草呢？你的柔情，他（她）不能读懂，自然会有读懂的人。专一的爱情固然是可歌可泣的，但那完全是两颗心炽烈地相互碰撞，如果你们之间真的不来“电”，你还是如此的执著，那简直就是把你自己放在火上烤罢了。

爱已到尽头，放手已不可避免，诚然放弃的痛苦简直就是一种煎

熬。但当你勇敢地踏过这条“悲伤”之河的时候，你就会发现对岸的风景其实也很好。所以，面对爱情，当你没有指望得到的时候，一定要学会放手。只有放手，才能快乐。

别跟自己过不去，也别跟生活过不去，你没有理由不滋润、不快活，关键是你选择了怎样地去对待生活和你自己。我们有我们的悲哀，生活也有生活的难处，所以我们没有理由不去学会原谅生活。

原谅生活

生活本身并不是可以实现所有梦想的万花筒，生活和我们是相互选择的，所以你就不应该过分计较生活的失信，其实生活本来就没有给你承诺过什么。他所给予的，并不总是你想得到的，而你所能取得的，是凭借着你不懈的真诚和执著才能得到的。

从前，有一个书生和他心爱的表妹约定在他们17岁的那一年举行婚礼。到了举行婚礼的那一天，表妹真的穿上了红嫁衣，可是拜堂的新郎却并不是这个书生。为此，书生一病不起。家人用尽各种办法都无能为力，眼瞅着书生的身体一天不如一天地衰弱下去。

这时一个游方僧人路过此地，在得知这一情况之后，他径直来到书生的卧榻前，从怀里掏出一面精致的镜子让书生看。书生一脸茫然地望着镜子，一会他就发现了在镜子里面出现了一名遇害的女子一丝不挂地躺在海滩上。一人路过这里，看了一眼，摇摇头，走了……又一人路过，将长袍脱下，给女尸盖上，走了……直到很长时间，又来了一个人，他过去，挖个坑，小心翼翼把尸体掩埋了……画面切换：书生看到自己的表妹在洞房里被她的丈夫掀起盖头的瞬间……

书生疑惑了，“大师，您到底想要说些什么？”

僧人收起镜子，解释道：“那具海滩上的女尸，就是你表妹的前世，你正是第二个路过的人。她今生和你相恋，只是为了还你的赠衣之情啊。但是第三个人，就是她现在的丈夫才是她最终要报答一生一世的人啊！”书生顿悟，病慢慢好起来了！

缘分不可强求。该是你的就是你的，不该是你的在怎么强求也没有用。但无论在任何时候，你都不要绝望，不要放弃自己对真、善、美的爱情的追求。

鲁迅在《我的失恋》中诗云：

我的所爱在山腰；
想去寻她山太高，
低头无法泪沾袍。
爱人赠我百蝶巾；
回她什么：猫头鹰。
从此翻脸不理我，
不知何故兮使我心惊。
……爱人赠我玫瑰花；
回她什么：赤练蛇。
从此翻脸不理我。
不知何故兮——由她去吧。

可见，当爱情离去时，就连最坚强的文学泰斗也会伤心、失望。那么现在，走出情感困惑的你，远离了最初的迷茫、孤独和恐惧，生活的问题就摆在面前了。这很现实，容不得你回避。你必须要学会一个人独立生活、工作、学习、挣钱、养家，每一样事物你都要亲自去接触。你没有后路，也没有靠山，你唯一能够依靠的就是你自己。

德国作家、心理医生维克多·费兰克在回忆起自己在纳粹集中营的那段极其悲惨的生活时说："其实，人所拥有的任何东西，都可以被剥夺，唯独人性最后的自由是不能被剥夺的，正是这种不可剥夺的精神自由，使得生命充满意义且有目的。那一刻，我身受的所有苦难，从遥远的科学立场看来，全都变得客观起来。我就是用这种办法超越自己，在困境中把我所有的痛苦煎熬都当成前尘往事，并加以观察。这样一来，我自己受的所有苦难全都变成了我手上的一项有趣的心理学研究题目了。"

面对生活中的苦难，能够做到心有所寄，并从苦难中寻找快乐的根源，这成就了维克多·费兰克。生活在现实世界的我们至少也应该将自己的心态放得平和一点，能够看到事物发展的必然规律，怀有一颗平常之心，让一切不能够为人力所及的事情都顺其自然。不抱怨，不叹息、不堕落，只有这样你才会有自己的快乐。如果你做不到这一点，那么，你就是没有勇气面对自己的一切，你将终是为了外物而活，没有活出自己的真实和个性。

原谅生活，当然不是随波逐流，或是放纵自己，甚至超脱尘世的恩怨，淡漠世间所有的不恭。我们原谅生活，是为了更好地生活：坚持自己的生活，做自己应该做的事，做自己喜欢的事，顺着自己的方向走下去。即使在我们遇到难以解决的问题时也不要忧愁，尽自己的能力去解决，尽力之后结果就不要去在意了。俗语有云：谋事在人，成事在天。把结果看淡一点，你会减少很多不必要的麻烦，拥有很多

快乐。

人这一生就如在大海上航行，偶有风暴的袭击是很正常的事，学会顺其自然，学会适应，才能战胜困难，生活也才有快乐可言。你只有相信生活，才能做到原谅生活，如果你的桅杆折断，不论是你自己的错，还是生活的错，你都不应该再悲哀地守着孤单的小舟，你何不重新撑起新的桅杆呢？